하늘과 바다 사이 돛을 올리고

저자 **김영애**

한국에 뿌리를 두고 있으나
늘 바람처럼 지구 곳곳을 누비는 자유로운 영혼.

남편의 권유로 패러글라이딩을 시작한 것을 계기로
각종 레저 스포츠를 섭렵하게 되었다.
2018년, 대한민국 여성 최초로 요트 세계 일주에 도전해
17,000해리가 넘는 바닷길을 항해하며
내면의 두려움을 극복하고 더욱 단단해졌다.

삶이라는 바다에서 높은 파도를 직면한 이들에게
작은 도움이나마 되길 바라는 마음으로
405일간의 치열한 항해 기록을 책으로 엮어 선보인다.

일러두기

- 본 도서는 국립국어원 표기 규정 및 외래어 표기법 규정을 준수했으며, 일부 입말에 따라 표기하였습니다.
- 문학 작품과 추모사는 「 」, 영화와 그림, 노래 제목은 〈 〉로 표기합니다.
- 항해 경로와 지명 표기의 경우, 엄밀한 규정을 따르기보다 일반적인 통례를 따라 표기하였으며 저자의 기록에 따라 영어와 이탈리아어, 스페인어 등이 혼용되었습니다.

하늘과 바다 사이
돛을 올리고
Republic of Croatia
public of Korea
김영애 지음

책을 펴내며

나는 전주라는 과거와 현재가 아름답게 공존하는 도시에서 살아왔다. 해마다 이곳에서 살아간다는 것은 마치 오래된 고서를 넘기는 듯한 느낌이다. 고즈넉한 골목길에 늘어선 고풍스러운 한옥들은 집집마다 고유의 이야기를 그대로 간직하고 있다. 마치 시간의 흐름이 멈춘 듯한 공간, 그 속에서 나는 많은 것을 배웠다.

복이 많게도 나는 어린 시절부터 따뜻한 인간관계와 가족의 사랑을 바탕으로 살아왔다. 해가 높이 떠오르면 집 근처의 나무들 사이로 들어가 바람과 함께 꽃과 풀의 향기를 맡으며 마음껏 놀았다. 자연 속에서 삶의 소중함을 배우며 자라온 나는 고요하고 조용한 환경에서 내면의 깊이를 쌓을 수 있었다. 그 속에서 배운 교훈들은 나를 더 넓은 시각을 가진 사람으로 성장하게 하는 자양분이 되어 주었다.

가족의 사랑을 듬뿍 받으며 자란 나는 자연히 사랑하는 사람과 함께하는 가정을 꿈꾸었다. ‘현모양처’는 당연한 내 삶의 목표가 되었고, 일찍 결혼해 두 아이의 엄마가 되었다. 내가 꿈꿨던 가정은 내가 진심으로 바라는 행복의 기준이었다. 그러나 시간이 지날수록 아이들을 돌보며 하루하루를 보내는 일이 힘겨워졌다. 점점 나 자신을 잃어가는 느낌이었다. 우울증이라는 그림자가 내 삶을 덮쳐왔다.

들판에 누워 하늘을 바라보며 구름의 모양을 상상하던 지난날이 그리워졌다. 아무런 걱정 없이 자연과 하나가 되던 그 순간들이 소중하게 다가왔다. 어린 시절 자연 속에서 느꼈던 자유로움을 향한 갈망은 점점 더 깊어지고 있었다.

그렇게 힘든 시간을 보내던 1990년대 초가을, 남편은 나에게 패러글라이딩을 해보라고 권유했다. 처음에는 그저 ‘왜 이런 걸 하라고 하지?’라는 생각만 들었지만, 새로운 도전은 내 삶에서 큰 전환점을 만들어 주었다.

하늘을 바라보던 아이가 자라 오성산 활공장에 올라 캐노피를 펼쳤다. 달리고 달려 하늘로 둥실 날아올랐다. 그날의 기억은 지금도 생생하다. 하늘에서는 오직 나만이 존재했다. 나는 마치 한 마리 새처럼, 우주 속에서 자유를 느꼈다. 내가 온전히 ‘나’로 존재할 수 있는 기적 같은 순간이었다.

패러글라이딩을 계기로 나는 다른 레저 스포츠들에도 궁금증을 가지게 되었다. 스킨스쿠버, 웨이크보드, 스노보드, 스키, 승마 등 배울 수 있는 모든 것에 도전했다. 그 과정은 나에게 큰 힘이 되었고, 각기 다른 스포츠들을 배우며 도전의 범위를 넓혀갔다. 처음에는 두려움과 불안이 있었지만, 하나씩 배우고 익혀가면서 스스로에 대한 믿음이 커졌고, 내 한계를 넘어서며 새로운 세계를 경험하는 기쁨을 알게 되었다.

그중에서도 스킨스쿠버는 내가 바다를 사랑하게 된 진짜 시작이었다. 바닷속 깊이 들어갔을 때, 세상은 전혀 다른 모습으로 나를 맞이했다. 고요하고 투명한 물결 아래, 형형색색의 물고기와 산호들이 눈에 띄었고, 나는 그들 사이에서 조용히 숨을 쉬는 또 하나의 생명체가 되었다. 소리 없는 그 세계는 말할 수 없이 아름다웠고, 동시에 경이롭기까지 했다. 아무것도 하지 않아도 되는 그 순간, 나는 처음으로 바다와 하나가 되었다는 생각이 들었다. 그때부터 바다는 내 마음이 가장 깊이 울리는 장소가 되었다.

이렇게 스킨스쿠버를 통해 나는 바다와 더욱 가까워졌고, 항해를 시작하게 되었다. 요트를 배우기로 결심한 것은, 그저 바다 위를 떠다니는 것이 아니라 내가 직접 항로를 계획하고, 바람을 읽고, 나를 바다에 온전히 맡기고, 목적지를 향해 나아가는 탐험가가 되어보고 싶어서였다. 카리브해나 남태평양 폴리네시아 같은 미지의 바다를 가보고 수중 세계도 더 깊이 탐사해 보고 싶은 마음이 생겼다. 요트는 나에게 삶의 또 다른 방식이자 철학이 되어버린 것이다.

“요트로 세상을 탐험하는 것은
결국 나 자신을 알아가기 위함이며,
살아있음을 확인하는 시간이다.”
– 김영애 항해 일지 중 –

그리고 마침내 405일간 지중해, 대서양, 태평양을 포함한 17개국을 항해하는 프로젝트에 착수하게 되었다. 이 도전은 내 삶의 전환점이자, 스스로의 한계에 정면으로 맞서는 여정이었다. 누구나 그렇듯

나이가 들수록 시작은 점점 두려워지고 어려워지기 마련이다. 하지만 그 두려움으로 인해, 나는 더욱 이 항해 프로젝트를 꼭 완수하고 싶었다.

요트 타고 17개국, 50여 곳에 기항하며 바다를 건너는 동안 경험한 것은 단순한 목표를 넘어선 내면과의 싸움이었다. 60대를 앞둔 나는 그동안 여러 레저 활동을 해왔지만, 이번 항해 프로젝트는 그 무엇과도 달랐다. 장기간 걸친 항해는 단순한 여행이 아니었고, 그 무엇도 예측할 수 없는 새로운 도전이었다.

항해를 시작할 때, 앞으로 얼마나 많은 한계를 마주하게 될지 모른다는 두려움을 실감했다. 절대 뒤집어지지 않는 요트를 믿지만 이러다 죽는 게 아닌가 불안함을 안겨준 강력한 태풍의 위력을 바다 한가운데에서 직접 체험했으니 말이다. 하지만 그 과정에서 내 안의 두려움과 한계를 마주하며 조금씩 배우고 성장해 가게 되었다.

다행히 요트 위에서 매일 펼쳐지는 드라마틱한 바다는 나에게 신비로운 세계를 선사했다. 돌고래가 반기듯 물결 위로 뛰어오르고, 바다제비가 요트 주변을 날아다니며 그 길을 인도하듯 함께했다. 동시에 햇살과 무지개는 수평선 위로 펼쳐지고, 구름이 바다 위로 흘러가며 저마다 다른 이야기를 만들어 갔다. 태풍과 돌풍이 찾아왔지만 바람은 내가 원하는 방향으로 나아가도록 도와주었고, 뜨거운 태양은 끝없는 바다 위에서 내 피부를 따뜻하게 감싸주었다.

바다 위에서의 나날이 쌓여 갈 때쯤, 그동안 머릿속에서 떠올렸던 것과는 전혀 다른 방식으로 존재하는 시간을 실감할 때도 있었다. 지구 위에 그어진 수많은 선인 자오선, 적도와 날짜 변경선과 같은 개념들을 추상적으로 그려왔을 뿐인데, 그것들이 실제로 내 삶과 시간 속으로 들어왔다.

갈라파고스를 지나 태평양 사모아로 향할 때는 날짜 변경선을 건넜다. 항해 일지를 쓰려다 문득 하루가 사라졌다는 것을 깨달았다. '오늘'이라는 날짜가 전혀 존재하지 않았다. 나는 하루를 살지 않은 사람이 되었고 그 하루는 지구 어딘가에 그대로 있을 것 같았다. 시간은 사람이 어떻게 쓰냐에 따라 다를 수 있지만, 그날의 상실감은 이상하게도 차분했다. 마치 그 하루를 포기하면서, 새롭게 '시간'이라는 의미를 받아들이게 된 기분이었다.

그리고 남태평양 서사모아에 닿았을 때 나는 세상에서 가장 먼저 새해를 맞이했다. 아직 어제였던 어딘가를 등지고, 누구보다 빨리 '오늘'을 만나는 기이한 기쁨. 조용한 항구도시, 낯선 언어, 그리고 해가 떠오르기 직전 그 완벽한 정적 속에서 나는 생각했다. 시간을 건넌 사람만이 느낄 수 있는 어떤 시작의 감각, 그것이 바로 그곳에 있었다.

항해란 늘 바람과 별에 의존한 여정이지만, 지구에는 바람 한 점 불지 않는 무풍지대도 존재했다. 15세기 범선 시대에 적도를 통과하며 바람을 간절히 기원하던 선원들처럼 나 역시 같은 항로를 지나고 있었다. 적도의 바다에 홀로 떠 있는 동안, 이 정적이 끝없이 이어질 것만 같은 불안을 느꼈다.

대서양을 횡단하던 중에는 지도상에 보이지 않는 기이한 해역에 발을 들였다. 그것이 콜럼버스의 '사르가소해'로 알려진 곳이라는 건, 당시엔 잘 알지 못했다. 언뜻 보면 육지라는 착각을 불러일으킬 정도로 끝없이 펼쳐진 황갈색 해초로 인해 그저 묵묵히 항로를 바꿔야 했다. 돌아간다고 해서 목적지를 잃는 것은 아니다. 가끔은 자연의 흐름에 맡기는 것이 더 멀리 나아가는 길이 될 수 있다. 앞으로 나아가는 일보다, 멈추고 돌아보는 것에서 더 많은 깨달음을 얻기도 한다. 나는 그 해초의 바다에 서서 조용히 배우고 있었다.

하루하루 급변하는 바다의 상황에 외로움은 점점 사라졌고, 그 대신 나를 이끌어 준 것은 역경을 극복하고 나아가는 의지였다. 바다의 거친 날씨들을 맞이하며 힘든 순간들이 많았지만, 그때마다 다음 기항지에 대한 기대감이 나를 다시 일으켜 세웠다. 최종 목적지에 가까워질수록 그 길이 더욱 의미 있는 여정으로 다가왔다.

이렇게 매 순간을 견디며 앞으로 나아가다 보니, 어느새 항해는 단순한 이동이 아니라 내면을 마주하는 깊은 시간이 되었다. 바다는 나를 늘 시험했지만, 동시에 나를 더욱 단단하게 만들어 주었다. 때로는 한 치 앞도 보이지 않는 고요한 어둠 속에서 스스로 믿는 법을 배웠고, 또 때로는 거센 바람을 타고 나 자신을 넘어서는 용기를 얻기도 했다.

우리는 모두 삶의 바다에서 각자의 파도와 싸우고 있다. 가끔은 그 시간이 힘겹고 '내가 정말 이겨낼 수 있을까?'하는 의구심이 들기도 한다. 하지만 그 순간에도 포기하지 않고 계속 나아가려는 의지만 있다면, 어떤 나이나 상황에서도 자기 자신을 넘어서고 더 나은 사람이 될 수 있다는 믿음이 생길 것이다. 실제 이 책이 독자분들에게 그런 믿음과 힘을 일깨워 주고, 삶의 바다에서 항해하는 데 조금이나마 필요한 용기를 줄 수 있기를 바란다.

긴 여정의 이야기를 이렇게 한 권의 책을 묶기까지 많은 분이 수고해 주셨다. 처음부터 끝까지 용기를 주신 김태만 전 국립해양박물관장님을 비롯해 출판사 호밀밭 장현정 대표님, 글을 다듬고 잘 구성해 준 김미양 편집자에게 특히 큰 고마움을 전한다. 그리고 지금은 다들 나이가 들어 활동하지 않지만 그동안 함께 해준 레저 동아리 '신화창조' 회원들께도 감사의 마음을 전하고 싶다.

가족들의 이해와 기다림 덕분에 이 항해는 외롭지 않았다. 먼바다를 향해 떠나는 나의 선택을 언제나 믿어주고, 묵묵히 응원해 준 가족들과 특히 사랑하는 나의 손주 재원에게 이 책을 바치고 싶다. 언젠가 세상을 향해 첫 항해를 준비하게 될 때 이 이야기가 작은 나침반이 되길 바란다.

나의 다음 도전은 인도양, 그리고 남극이다.

2025년의 봄날에

김영애

항로

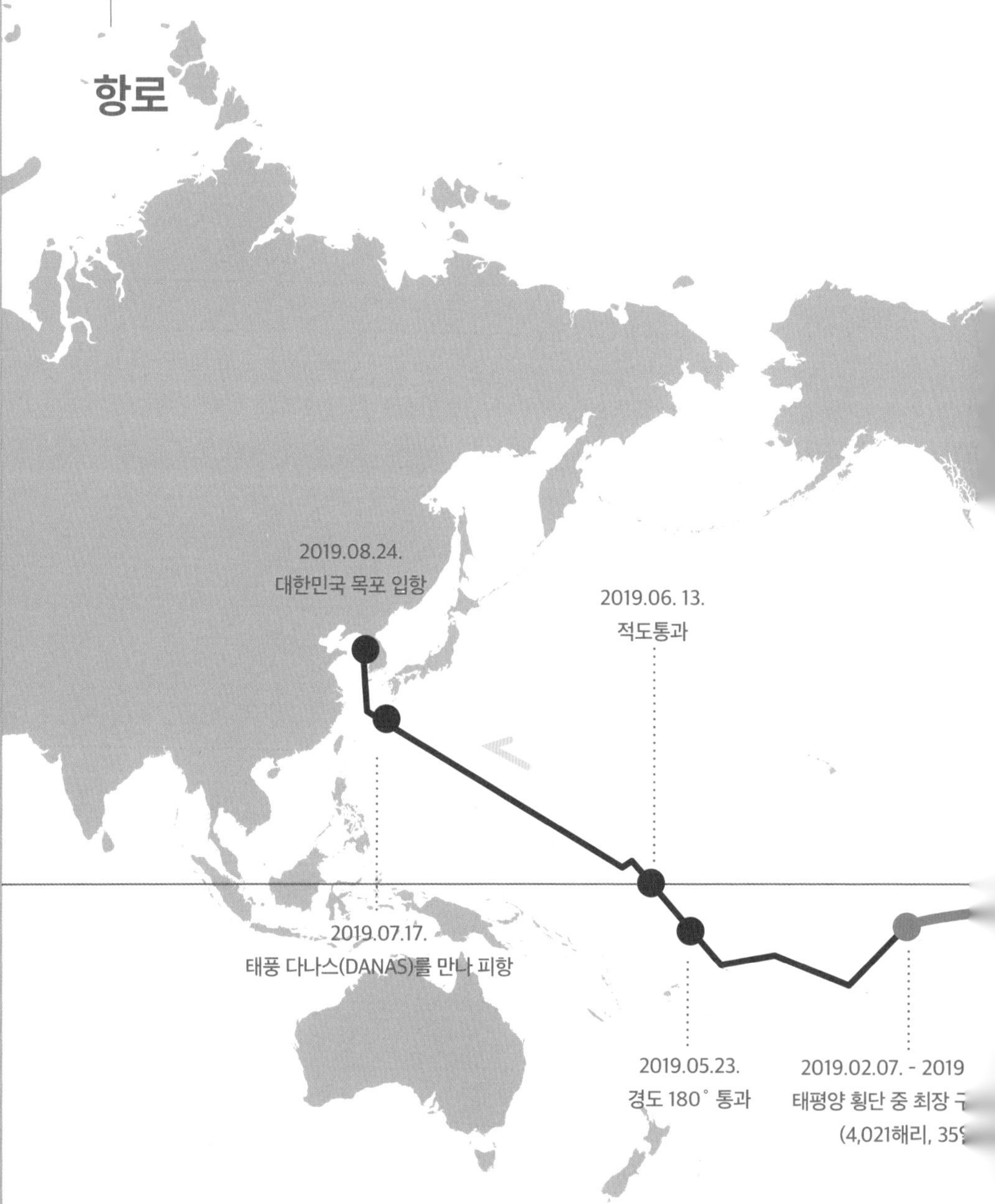

2019.08.24.
대한민국 목포 입항
2019.06. 13.
적도통과
2019.07.17.
태풍 다나스(DANAS)를 만나 피항
2019.05.23.
경도 180° 통과
2019.02.07. - 2019
태평양 횡단 중 최장
(4,021해리, 35

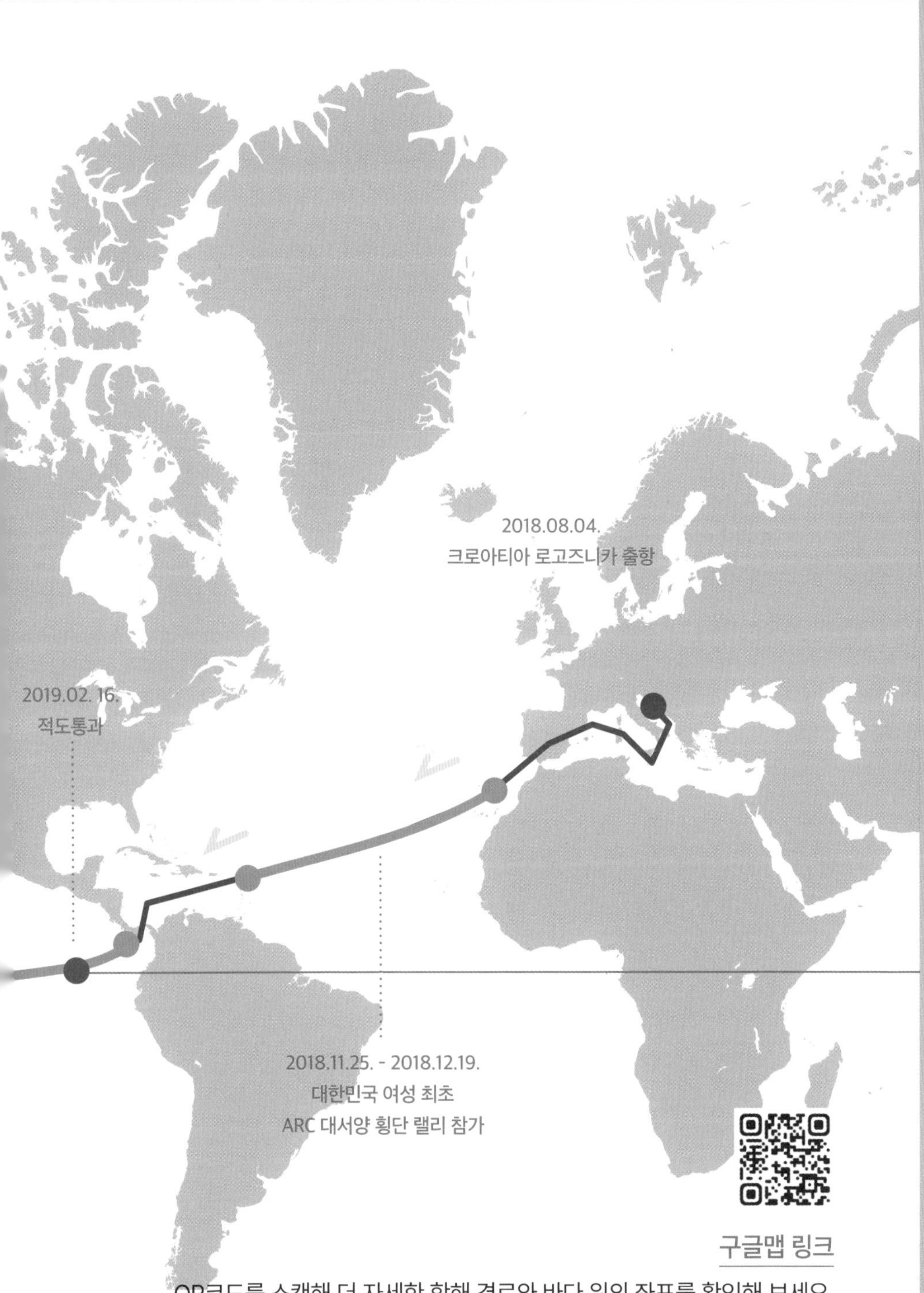

구글맵 링크

QR코드를 스캔해 더 자세한 항해 경로와 바다 위의 좌표를 확인해 보세요.

차 례

책을 펴내며 05
자주 쓰이는 항해 용어 미리보기 18

1장 나는 늘 방랑자처럼 어디론가 떠나야만 했다 20
한국을 떠나 아드리아해에 배를 띄우고

기나긴 여정을 위한 짐 꾸리기 23
이제부터 고생 끝, 행복 시작?! 27
크로아티아에서의 항해 준비 30
손주의 첫돌에 나는 돛을 올리고 39

"나는 폭풍이 두렵지 않다.
나의 배로 항해하는 법을 배우고 있으니까."

헬렌 켈러

2장 이곳에서의 하루는 마치 한 편의 영화처럼 50
지중해에서 지브롤터 해협을 건너

지중해의 숨은 진주, 몰타 53
난생 처음 보는 바다 위의 '오메가' 68
이비자 섬에서의 그림 같은 밤 76
언제 다시 이곳으로 와 고마움을 전할까 81
사하라 사막 모래언덕에 남긴 발자국 98

TIP 잘 먹어야 집 간다 1 110
향수병 극복! 망망대해에서 한식 먹는 노하우

3장 여자라고 기죽지 말고, 남자 열 몫하고 살아라 116
대서양을 횡단해 카리브해까지

한국 최초 ARC 대회 참가자, 영애 킴 119
대서양 횡단, 항해는 계속되어야 한다 132
배들의 공동묘지에서 아찔한 순간 157
새벽녘 항구에서 나각을 불어다오 165

4장 우리는 태어남과 동시에 여정의 목적지 천국을 향해 가고 174
파나마 운하를 통과해 태평양 적도 아래로

만나면 반갑다고 "김치~" 177
파나마 운하를 통과하다 185
태평양 바다 위 돛단배 하나 190
남십자성 아래 나는 정말 행복한 사람 199

TIP 잘 먹어야 집 간다 2 213
항해의 묘미, 다국적 재료로 만드는 한식 레시피

5장 그런데 내가 올해 몇 살이었지? 220
남태평양에서 날짜 변경선을 지나

폴리네시아의 창조신, '티키'를 찾아서 223
반드시 오고야 말 행복 233
남태평양 무인도에서 생일 파티를 249
오고 가는 음식, 무르익는 마음 258
적도의 무풍지대 한가운데서 270
"안녕하세요? 저는 한국인입니다." 279

6장 요트는 항해자를 무한히 사랑한다 288
필리핀해에서 동중국해를 거쳐 다시 한국으로

I'm sailing, 저 바다 건너 평안의 고향으로 291
태풍 다나스(DANAS) 발생 303
오키나와에서의 따뜻한 시간 318
파란만장 여정의 끝, 혹은 시작 330

부록 항해 일정 및 입·출항지 좌표 336
추천사 340

자주 쓰이는 항해 용어 미리보기

요티 Yachtie

요트 타는 사람, 요트족(族)을 일컫는 단어. 요티들은 수많은 만남과 이별 속에 서로 돕고 소통하며 국적과 세대를 초월한 우정을 쌓아 나간다.

범주

돛을 펼치고 바람의 힘으로만 항해하는 방식. 세일링(Sailing)이라고도 한다.

기주

바람이 없을 때 엔진 동력에 의지해 항해하는 방식. 바람이 약해 돛의 힘만으로는 원하는 속도가 나오지 않을 땐 범주를 하면서 동시에 엔진을 가동하여 기주도 병행하는 경우도 있다. 이번 여정에서는 적도의 무풍지대를 통과하기 위해 꼬박 일주일을 엔진으로만 항해하는 기록을 세우기도 했다.

해리 海里

해상 마일(Nautical mile)이라고도 하며, 선박이나 항공기에서 주로 사용하는 거리 단위다. 1마일은 1,852미터에 해당한다. 이번 여정에서는 크로아티아 로고즈니카에서 출발해 목포까지, 약 17,820해리를 항해했다.

노트 Knot

1시간 동안 1해리의 거리를 이동하는 속도를 1노트라 부른다. 바람의 속도뿐만 아니라 선박의 속력 측정 등 해상 분야에서 주로 사용되는 단위이다.

마리나 Marina

요트나 레저용 보트 등 선박을 위한 정박시설, 방파제, 인양시설, 육상 보관시설 등을 갖춘 항구. '해변의 산책길'이라는 라틴어에서 유래했으며, 이탈리아에서는 '작은 항구'라는 의미로 쓰인다. 경우에 따라 클럽하우스, 주차장, 호텔, 쇼핑센터, 위락 시설 등을 포함하기도 한다.

묘박 錨泊

배가 항구에 계류나 접안하지 않고, 해상에서 닻을 내려 일시적으로 대기하는 것을 말한다.

한국을 떠나 아드리아해에 배를 띄우고

인천 모스크바 자그레브 로고즈니카

1장

나는 늘 방랑자처럼 어디론가 떠나야만 했다

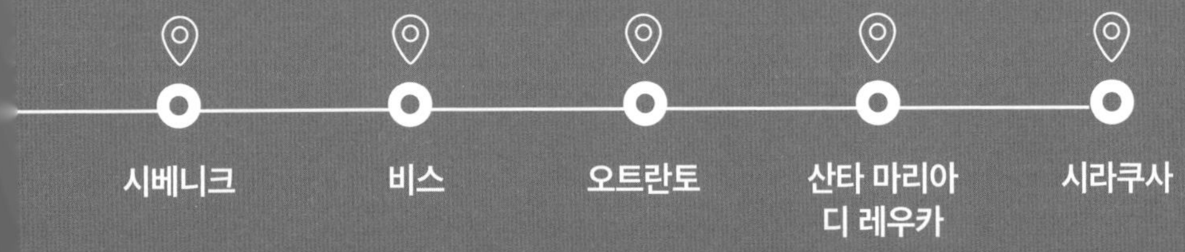

항해 중 포착한 경이로운 순간들을 생생한 영상으로 미리 만나보세요!

기나긴 여정을 위한 짐 꾸리기

한국에서

2018.07.15.

온 집안을 발칵 뒤집어 대청소를 시작한다.

주방 냉장고, 싱크대, 안방 장롱 밑, 신발장……. 이렇게 구석구석 청소를 하고도 일주일이 지나도록 여행 갈 기미가 보이지 않으면 가족들은 넌지시 물어보곤 한다.

"왜? 무슨 일 있어?"

"엄마! 어디 안 가요?"

나는 결혼 전에도 그랬지만 결혼 후에도 늘 방랑자처럼 어디론가 떠나야만 했다. 특히 영화나 책을 읽고 나면 내가 꼭 주인공이 된 것처럼 환상에 빠져, 밀린 숙제를 하듯 그 장소에 가서 내 눈으로 확인하고 체험해야만 직성이 풀렸다. 그러다 보니 나는 1년이면 몇 차례씩 여행을 떠난다.

더욱이 이번은 1년 이상 걸리는 장기 요트 항해다.

태극선 부채

열무씨를 비롯한 식재료 씨앗

이제 이틀 후면 크로아티아로 떠나야 한다.

지중해 항해 중 필요한 물품 리스트를 체크하면서 하나씩 준비해 놓고, 단골 미용실에서 긴 머리를 짧게 잘랐다. 항해 중 입을 비옷 2벌을 구입하고, 여행지에서 소중한 연을 맺게 될 사람들에게 줄 선물은 전주역 근처 단골 부채공장에서 골랐다. 부채에 'KOREA'라고 쓰여있으니 싸인만 하면 되겠다 싶어 기분 좋게 구입했다. 60개 들이 한 박스다.

당분간 비워둘 사무실 정리를 하고, 자동차는 장기간 보관해야 하니 지하 주차장 한쪽 귀퉁이에 바짝 붙여서 주차했다. 1년 후에 만나자.

집에 돌아와 먼저 카메라를 테스트하고 외장하드, 메모리카드, 삼각대 등을 챙긴다. 촬영 장비뿐만 아니라 항해 중에 필요한 각종 장비들도 꼼꼼히 확인해야 한다. 이리듐Iridium, 위성전화, AISAutomatic Identification System, 선박 자동 식별 장치*, 후레쉬, …….

이번 항해를 준비하면서는 특히 한국 음식 재료를 철저히 챙겼다. 2016년과 2017년 대항해시대 항해를 하며 얻은 교훈 덕분이다. 당시 식재료 부족으로 힘든 고비를 넘겨야 했다. 태평양 한가운데서 너무 배가 고파 울었다. 사탕 한 알로 셋이서 나눠 먹은 일도 있었다. 잘 먹어야 요트 항해로 마지막 기항지 한국에 입항할 수 있다.

항해 중 화분에 심어 먹을 열무씨와 배추씨 각각 3봉지, 고춧가루 2kg, 묵나물 볶음용 들기름 2병을 챙겼다. 고사리, 취나물, 친정엄마가 보내주신 고구마줄기, 무청 시래기, 뽕잎, ……. 봄부터 말려놓은 각종 나물을 꼼꼼히 싼다. 묵은지 30Kg은 건조 후에 가위로 머리 꼭지 끝잎을 자르고 다듬어 7Kg로 무게를 줄여 진공 포장을 했다.

---

*선박의 정보를 자동 송수신할 수 있는 무선통신 장비로, 선박의 정확한 위치정보를 수집해 해양사고 발생 시 수색, 구조 등을 지원하는 시스템이다.

■ 용품

- 전자제품 : 카메라 장비, 고프로 수중카메라, 노트북, 스마트폰, 충전기 등
- 의　　류 : 오리털 파카, 요트 관련 의류, 열대 지방용 인견 속옷, 반바지, 쿨맥스 의류, 비옷, 양말 등 (고무줄로 묶어 부피를 줄인다!)
- 신　　발 : 요트화, 크록스 슬리퍼 (뒤가 터진 슬리퍼는 안 된다. 미끄러져 다칠 수 있다.)
- 상 비 약 : 물파스, 곤충퇴치제, 근육통 파스, 감기약, 밴드, 진통제, 지사제 등
- 기　　타 : 책, 국제운전면허증, 방수팩, 필기도구, 노트, 선블록 등

■ 식재료

- 저장식품 : 고사리, 취나물, 묵은김치(냉동/건조), 무청 시래기, 고구마줄기, 뽕잎, 죽순말랭이, 미역, 다시마 등
- 일반음식 : 묵은김치, 멸치조림, 깻잎김치 등
- 양　　념 : 고추장, 된장, 고춧가루, 통깨, 들깻가루, 들기름, 참기름, 매실원액 등

잘 챙겨 먹고 무사히 한국으로 돌아오자!

이제부터 고생 끝, 행복 시작?!

인천 → 모스크바

2018.07.17. 항공편 이동

드디어 요트가 있는 크로아티아로 떠나는 날이다. 러시아 국적기 아에로플로트Aeroflot 항공을 타고 모스크바를 경유해 크로아티아로 가는 여정이다. 예쁜 며느리가 사준 편안한 크록스 신발을 신고 집을 나선다. 크록스에 매달린 하트와 스마일 장식이 나의 앞날을 응원하는 듯하다. 이제부터 고생 끝, 행복 시작이다!

새벽 6시, 콜택시 아저씨의 도움으로 낑낑거리며 간신히 택시에 짐을 실어 보내고 공항 리무진버스에 올라탔다. 인천공항에 도착하니 지인 S선장이 배웅을 나와 있다. 중국 칭따오 범선 축제 항해 때 사고로 생사를 같이 했던 특별한 인연이다.

짐이 너무 무거웠던 탓인지 이민 가방 바퀴 하나가 털썩 빠져버렸다. 낭패다. 절름발이 이민 가방 1개, 하드백 1개, 카메라 가방 등 짐이 많아도 너무 많다. 공항 내 택배회사에서 재포장했어도 기본 23kg을 제외하고 추가 요금 300달러를 지급하란다.

체크인하고 겨우 마음을 놓으려는데 이번엔 승무원이 날 붙잡는다. 짐가방 속 항해용 구명조끼에 부착된 미니 가스통이 문제가 된 것이다. 이상 없다는 사인을 받고서야 간신히 출발 20분 전에 짐을 부치고 탑승할 수 있었다.

오후 16시 15분, 모스크바 세레메티예보 공항Sheremetyevo International Airport에 도착했다. 미리 예약해둔 호텔에 간단히 짐을 풀고 나서 택시를 타고 모스크바 시가지 붉은 광장으로 갔다. 성바실리 대성당St. Basil's Cathedral, 크렘린Kremlin 등을 둘러보고 굼GUM 백화점 안에서 저녁 식사를 했다. 거리 곳곳에서는 아직 식지 않은 월드컵* 열기를 느낄 수 있다. 백화점 안에는 축구공탑 장식이 세워져 있고, 여기저기서 축구용품을 판매한다. 붉은 광장과 길가 상점들의 네온사인 불빛이 정말 아름답다.

모스크바 → 자그레브

2018.07.18. 항공편 이동

러시아 모스크바의 세레메티예보 공항에서 크로아티아 자그레브Zagreb로 출발하는 아침, 호텔 근처 자작나무숲을 산책하며 사진을 찍

*2018년 FIFA 월드컵 러시아는 6월 14일에 시작해 7월 15일에 막을 내렸다.

었다. 바이칼 호숫가의 자작나무숲이 생각나는 정겹고 아름다운 풍경이었다. 자작나무 앞에선 누구나 시인이 된다.

조식으로 간단한 러시아식 호밀빵과 오트밀, 우유를 먹고 08시 10분, 어젯밤 호텔 카운터에 예약해 둔 택시를 타고 공항으로 갔다.

공항 앞 빌딩 벽과 옥상에 있는 한국의 H 자동차 광고가 인상 깊다. 불과 몇 년 전만 해도 상상할 수 없는 일이었다. 비행기에 탑승하자마자 꾸벅꾸벅 졸다가 잠깐 잠이 들었다. 시차와 북위 56도인 모스크바의 백야 현상이 원인이었다. 1시간쯤 자고 일어나니 비행기는 하강하고 있었다.

크로아티아에서의 항해 준비

자그레브 → 로고즈니카

2018.07.20. 차량 이동

로고즈니카 Rogoznica
아드리아해와 인접한 크로아티아의 작은 휴양 마을

요트가 있는 마리나 프라파 리조트 로고즈니카Marina Frapa Resort Rogoznica로 가는 날이다. 아침 일찍 자그레브 민박집 근처에 있는 직거래 장터인 돌라치 시장Dolac Market에 갔다. 아침에만 문 여는 도깨비시장은 한국에만 있는 줄 알았는데, 이곳도 오전 7시에서 10시까지 열린다고 한다. 농부들이 갓 수확해서 가져온 과일, 야채, 꽃 등이 많다. 가는 길에 자동차 안에서 먹을 간식으로 납작 복숭아, 자두, 포도 등 과일과 옥수수 몇 개를 구입했다.

아침 식사를 하고 9시 30분경, 자그레브 공항에서부터 민박집 사장 차에 실어 놓았던 짐들과 함께 로고즈니카Rogoznica로 출발한다. 가는 길에 휴게소에 잠깐 들렀는데 다리 난간 위에서 바다로 번지 점프

하는 사람들이 보인다. 점프 후 보트가 점프했던 사람을 그 자리에서 줄을 잡아서 그대로 당겨 공중을 서서 가듯 올린다.

4시간 동안 자동차를 탔어도 창밖 풍광이 아름다워 시간 가는 줄을 몰랐다. 오후 2시 30분이 되어 마리나 프라파 리조트 로고즈니카에 도착했다. 마리나는 깔끔하고 규모도 크고 좋다. 휴가철이라서 그런지 요티Yachtie와 관광객들이 많다. 특히 우리가 펜션에 가듯이 골프카트에 식재료를 가득 싣고 오가는 사람들이 많다. 선석도 만석이다.

이번 항해를 함께할 요트에 짐을 풀어놓은 후 저녁 식사를 하러 나왔다. 마리나 건너편에 있는 랍스터 전문 레스토랑 산 마르코San Marco에서 오랜만에 랍스터구이를 맛있게 먹었다. 마리나의 야경은 언제 어디서 봐도 아름답다.

로고즈니카

2018.07.21. - 08.03. 기항지에서의 시간

아침 일찍 일어나 어제 다 못 한 요트 청소를 마무리하고 한국에서 가져온 물품을 정리했다. 당장 마실 물이 없어 마리나에 있는 슈퍼에 가서 물과 과일 등 이틀 치 식재료를 우선 구입했다. 크로아티아 돈으로 170쿠나HRK. 한국 돈으로 31,000원 정도다. 마리나 내 슈퍼라서 그런지 한국 물가와 비교해 절반쯤 싼 것 같다. 특히 과일이 엄청 싸다.

점심을 먹은 후에는 요트 오너스 매뉴얼Owner's Manual을 보면서 구조를 익히고 사용설명서를 숙지했다. 현재 기온 29℃. 바다라서 습도가 높고 끈적이고 후덥지근하다. 더위에 지쳐 샤워를 하고 나니 날아갈 것 같다. 샤워장이 깨끗하고 냉온수가 다 나온다. 이곳은 세계적으로 유명한 요트 마리나답게 모든 시설이 최고다. 너무 좋다.

7월 22일

오전 9시에 시험 삼아 출항했다. 엊그제 사람들이 번지점프하고 있던 다리까지 왕복으로 43해리Nmi다. 출항해서 기주 항해를 하며 엔진 테스트 후, 입항할 때는 세일링sailing, 범주을 하며 돛sail, 시트sheet* 등을 체크했다. 요트가 순풍에 돛 달리기를 한다. 바람은 풍속 12~13노트Knot에 선속 5~6노트다.

어딜 가나 요티들은 요트가 입항하면 재빨리 달려와 '뭐 도울 것 없나?' 살피며 요트가 들어갈 선석 앞에 대기한다. 오늘은 독일 국적의 파워 보트와 옆 요트 여자 선장 2명이 도와줘 무사히 입항했다. 지중해는 조수간만의 차가 없어 마리나 중간 칸막이폰툰, pontoon가 없다. 대신 시멘트 구조물에 연결된 로프가 수중에 잠겨 있어 갈고리hook로 건져 올려 단단히 묶어 줘야 한다.

마리나 전경 사진과 동영상을 촬영하고자 마스트mast, 돛대**에 오른다. 카메라에 어안렌즈를 장착해 목에 걸고 하네스를 착용한 뒤 예비로 설치해 놓은 로프를 윈치winch***로 감아 돛대의 꼭대기까지 올라간다. 돛대의 길이는 요트 크기에 따라 다르지만, 이번 요트의 경우는 17m다. 고소 공포증을 느낄 수도 있는 아파트 6~7층 높이다.

나는 이렇게 각 마리나에 입항할 때마다 아름다운 마리나의 풍경을 돛대에 올라가 즐기면서 사진으로 기록하곤 한다. 돛대 꼭대기에 풍향기를 설치해 놓고 윈드 패넌트wind pennant, 마스트 등 전구, 인 마스트 펄링 돛in-mast furling sail에 문제가 있을 시에도 마스트에 오른다. 이러다 보니 돛대 오르기 마스터가 되었다. 내 시선의 아래에 있는 모든 요트들을 한눈에 보고 있는 재미랄까?

---

*돛의 모서리에 연결되어 돛을 조절하는 로프

**요트 위로 솟아 있는 수직 막대로, 돛뿐만 아니라 항해등, 안테나, 풍향계 등이 부착된다.

***무거운 중량물을 끌어당기는 데 사용하는 기계 장치

마리나의 아름다운 풍경

마스트에 올라 내려다본 요트들

7월 23일

동트기 전 마리나 한 바퀴를 돌았다. 바다에 비친 요트들의 반영이 미풍에 흔들리며 어여쁜 여인이 사뿐히 춤을 추듯 흐느적거리는 모습이 너무 아름답다. 그 모습을 카메라에 담고 요트로 돌아오자 시원하게 스콜성 소나기가 내린다.

7월 25일

자동차로 왕복 5시간 거리에 있는 플리트비체 호수 국립공원Plitvice Lakes National Park에 다녀왔다. 플리트비체 호수는 너무나 아름다웠다. 수많은 폭포로 연결되는 호수와 빽빽하게 자라나는 나무들, 옥색 수정 같은 맑은 물이 흐르는 계곡이 조화를 이루며 동화 같은 분위기를 자아냈다.

플리트비체 국립공원의 가장 대표적 풍경으로 꼽히는 S자 모양 나무다리 산책길을 걷다가 계곡에 발 담그고 독서 삼매경에 빠진 소녀를 봤다. 너무 부러웠다. 이런 곳에서 책을 읽을 수 있다는 것만으로도 행복하겠지? 부지런히 걷고 또 걷고, 정신없이 사진을 찍다가 지도를 보니 최소한 2박 3일은 둘러봐야 할 곳이다. 짧은 시간이 너무 아쉽다.

7월 26일

오늘 아침은 무풍에 바람 한 점 없이 고요하다. 마리나의 모든 시설물과 요트들이 마치 육상에 올려놓은 듯한 아름다운 반영을 보여주었다. 이렇게 멋있는 반영은 처음이라 미친 듯이 카메라 셔터를 눌렀다. 아침 식사로 빵과 사과주스, 찐 계란을 먹고 서둘러 스플리트Split로 향했다. 몇 가지 물품과 식료품을 구입해야 했다. 2kW 발전기가 없어서 대신에 값싸고 실용적인 750W 발전기를 구입하고, 세일용 시트와 낚시 도구 일체를 구입했다.

7월 28일

항해 중에는 습도가 높아 과일 야채를 냉장고에 넣든지 바람이 잘 통하는 곳에 보관해야 한다. 그렇지 않으면 금방 썩는다. 엊그제 낚시점에서 구입한 작은 로프를 이용해 과일 야채 보관용 해먹을 만들기로 했다. 해먹 지주로 사용할 작은 통나무 2개를 다듬고 로프를 묶고 나서 캠핑용 해먹처럼 엮으면서 마켓에서 사 온 바닷빛 예쁜 비즈도 중간중간 넣어 마무리했더니 너무 예쁘다. 처음 만든 것치고는 잘 만들어졌다. 성공이다.

7월 29일

인터넷이 잘 되는 샤워장 앞 벤치에서 손주와 영상통화를 했다. 쪽쪽이를 빨며 방긋 웃는 손주의 모습이 귀엽고 예쁘다. 파워 보트를 탄 할아버지가 지나가면서 인사하며 손주를 귀여워해 주었다. "손주냐?" 고 내게 묻는다.

오늘 오전에 새로 입항한 요트에서 독일인 세 가족이 아이들 6명과 함께 시끌벅적한 다이빙 대회를 열었다. 아이들이 풍덩풍덩 뛰어내리며 즐거운 시간을 보낸다. 한 아버지는 영상을 찍고, 7살쯤 되어 보이는 여자 막내 아이는 무서워 뛰어내리지 못하고 있다. 엄마는 계속해서 "You can! You can!"이라고 외친다.

"Yon can!"

결국, 아이는 두 눈을 손으로 가리고 용감하게 뛰어내렸다. 주변에서 지켜보던 모든 이들이 아이에게 박수와 함성을 보냈다.

7월 30일

마리나에서 걸어서 5분 거리에 위치한 용의 눈호수Dragon's Eye Lake를 방문했다. 이 호수는 지각에 따라 4~24m 높이의 수직 암석으로 둘러싸여 있고, 최고 수심은 15m다. 용의 눈을 닮은 독특한 형상은 아드리아 해안의 바닷물이 파도가 칠 때마다 바위틈 사이로 들어오고 나가기 때문이라고 한다. 아침 일찍 도착했더니 수영하는 관광객들이 없어 호수는 조용했고, 주변 암벽의 반영이 거대한 추상화를 보는 듯했다. 호수에 비친 해돋이와 함께 사진을 찍으니 구도가 아름다웠다.

8월 1일

아침부터 햇볕이 너무 따갑고 덥다. 해변에 초등학생과 유치원생쯤으로 되어 보이는 두 아이가 해수욕을 즐기고, 아이들의 엄마는 사진을 찍고 있다. 갑자기 파도가 몰아치고 아이들이 바닷물에 휩쓸려도 쳐다만 본다. 아이들이 스스로 헤쳐나오길 기다리는 엄마. 거친 파도에도 혼자서 나오게 하는 방법을 가르쳐 주는 것이었다. 혹시라도 아이들이 먼바다로 떠내려가면 어떡하나 내가 더 걱정이다. 아이들은 몇 번의 파도를 뒤집어쓰고 간신히 밖으로 빠져나와 아무 일 없다는 듯이 웃으면서 엄마 곁으로 간다.

8월 3일

내일이면 이곳을 떠난다. 뭔가 허전하고 서운하다. 마음도 그렇고 해서 산책 겸 사진을 찍으러 마리나 옆 소나무 숲길을 따라 걷던 중 아주 작고 예쁜 예배당을 발견했다. 반 평 남짓한 공간 안에 성모마리아상이 있고, 그 앞에는 누군가 가져다 놓은 꽃다발이 있다. 종교는 다르지만 안전 항해를 위해 잠시 기도를 올렸다.

용의 눈 호수

붉은 지붕의 작고 예쁜 예배당

손주의 첫돌에 나는 돛을 올리고

로고즈니카 → 시베니크

2018.08.04. 출항, 입항

시베니크 Sibenik
크로아티아 중부 달마티아 지방에 있는 유서 깊은 해안 도시

아침 6시, 마리나를 한 바퀴 돌며 사진과 영상을 찍었다. 돌아오는 길에는 샤워를 하고 수건과 옷가지 몇 벌도 세탁했다. 요트 안에도 화장실 겸 샤워장이 있지만 항해 중에는 맘 편하게 씻을 수가 없다.

오늘은 내게 있어 특별한 날이다. 세상에 하나밖에 없는 손주의 첫돌이고, 첫 출항이다.

손주가 태어났던 날, 나는 북태평양 사이판 연안에서 항해 중이었다. 꼬박 1년이 흐른 지금은 새로운 항해를 준비하느라 첫돌에 참석하지 못해 야속한 할머니가 되고 말았다. 첫 출항의 기쁨보다는 손주의 첫돌 행사에 참석하지 못한 할머니로서 미안한 마음이 앞선다.

묶여 있던 계류줄을 풀고 오전 9시 40분 첫 출항. 서서히 마리나를 빠져나와 잠시 멈춘 후 카메라 셔터를 눌러댔다. 등대섬과 성 니콜라

스 요새St. Nicholas Fortress를 지나니 바로 출항 신고할 시베니크Sibenik 항구가 보인다.

오후 1시 30분 시베니크 여객터미널 항구에 입항했다. 항해 거리 15.8해리, 선속 3.95노트.

시베니크 해양경찰서에서 출항 신고를 하고 늦은 점심을 먹었다. 3시부터 5시까지 짬을 내어 성 야고보 대성당The Cathedral of St James in Sibenik이 있는 곳부터 성 꼭대기 바론 요새Barone Fortress까지 올라가 보고 내려오는 길, 골목들이 미로 같지만 너무 아름답다.

세관 사무실이 있는 쪽으로는 다시 2해리 정도 배를 이동해야 했다. 세관 신고 후에 관광도 할 겸 근처 마리나 만달리나Marina Mandalina로 이동했으나 빈 선석이 없단다. 묘박할 곳을 찾아 해안가를 돌다 결국 카타마란 3대와 보트 3대가 있는 곳으로 이동했다. 수심이 깊고 산 쪽에 바짝 붙어 묘박했더니 불안해서 밤 1시부터 6시까지 견시見視*. 다행히 바람이 없어 무사히 넘겼다.

시베니크 → 비스

2018.08.05. 출항, 입항

비스 Vis
크로아티아 유인도 중 하나로, 개발되지 않아 옛 모습 그대로를 간직한 섬

시베니크에서 출항해 다음 기항지 오트란토Otranto를 향해 항해하던 중 해안경비대 함선이 다가온다.

---

*항해 중 위험성을 사전에 파악하기 위해 육안으로 주변을 경계하는 일을 말한다.

"코리안 요트 스톱~, 스톱 세일링stop sailing."

크로아티아 해경의 출동이다. 뜨거운 아드리아해의 햇빛과 바닷바람에 상할 것을 염려하여 국기대에 말아 놓았던 태극기를 재빨리 펼쳤다. 해안경비대 함선이 요트에 가까이 붙더니 가까운 비스섬Vis 으로 따라 오라고 요청한다. 이유는 출항 신고 후 24시간이 지나서까지 크로아티아령에서 머물고 있었다는 것과 요트 구입 후 장기 보관했다는 것. 출항 신고 미비로 연행되어 오후 5시 입항했다.

해안경비대 부두에 정박하고 조사를 받았다. 벌금 780쿠나 고지서를 내밀더니 이곳 비스섬 우체국에서 납부한 후에 1박하고 내일 출항하라고 한다. 비스 페리 항구 인근의 묘박지 좌표를 적어 준다. 이 상황을 크로아티아 한국 대사관의 H 사무관님에게 전화로 알렸더니 걱정하지 말라고 하신다.

비스 → 오트란토

2018.08.06. 비스 출항

비스 항구는 무풍에 날씨가 맑고 해가 예쁘게 떴다. 딩기dinghy, 고무보트** 를 타고 나가 우체국에서 벌금 780쿠나를 내고 해경사무실에 영수증을 제출했다.

오전 11시에 아침으로 요쿠르트 1개와 오트밀만 먹고 1시간 동안 동네 이곳저곳을 구경했다. 옛 로마시대에 부귀영화를 누렸던 곳이라, 퇴색하고 오래되었어도 건물들이 화려하다. 건물들 사이 골목길을 걷다 빨간 원피스에 빨간 립스틱이 어여쁜 백발의 할머니가 지나

**작은 고무보트의 일종. 요트가 접안하기 힘든 지역에서 묘박 후 해안으로 이동할 때 유용하게 쓰인다.

가시기에 사진 한 장 찍는다고 부탁을 했더니 웃으시면서 나이가 많아 싫으시단다. 강렬한 빨강이 멋있어서 인상 깊다.

오후 2시가 되어 비스섬에서 출항 원래 계획했던 오트란토로 다시 향한다.

새벽 2시, 바람이 잠잠하다. 풍속 7~8노트.

요트 뒷문swimming door을 열고 안전띠를 착용한 후 바닷물에 머리 감고 샤워하고 마지막은 민물로 헹군다. 해넘이 노을이 아름다운 아드리아해의 노천탕이다. 샤워 후 콕핏cockpit***에 앉아 인견 원피스를 입고 시원하고 보드라운 바람결에 머리를 말리며 밤하늘의 별과 달을 보면 세상 부러울 것이 없다. 너는 누구냐? 누구길래 대자연을 한 몸에 품고 호사를 누리느냐? 저 멀리에서 샛별이 반짝인다.

비스 → 오트란토

2018.08.07. 항해 중

어디서 날아왔는지 빨간 고추잠자리 4마리가 라이프 라인life line****에 앉아 있다. 비스섬에서부터 공해상까지 무임 승차한 것이다. 무풍의 검푸른 아드리아해와 빨간 고추잠자리가 한 폭의 그림 같다. 카메라 셔터를 연신 눌러대니 1m 정도 날아갔다 앉았다를 반복한다. 자꾸만 귀찮게 하면 날아가다 바닷물에 빠질까 봐 조심스럽게 뒷걸음치며 물러선다. 이 잠자리는 요트 타고 크로아티아 비스섬에서 이탈리아 오트란토까지 국경 넘어가는 잠자리가 될 것 같다. 이 광경에 오늘은

***배의 뒷쪽에 움푹 패인 곳으로, 조타석이 있는 공간

****요트 갑판에서 물에 떨어지는 것을 방지하기 위해 설치되는 안전 장치

라이프 라인 위의 고추잠자리

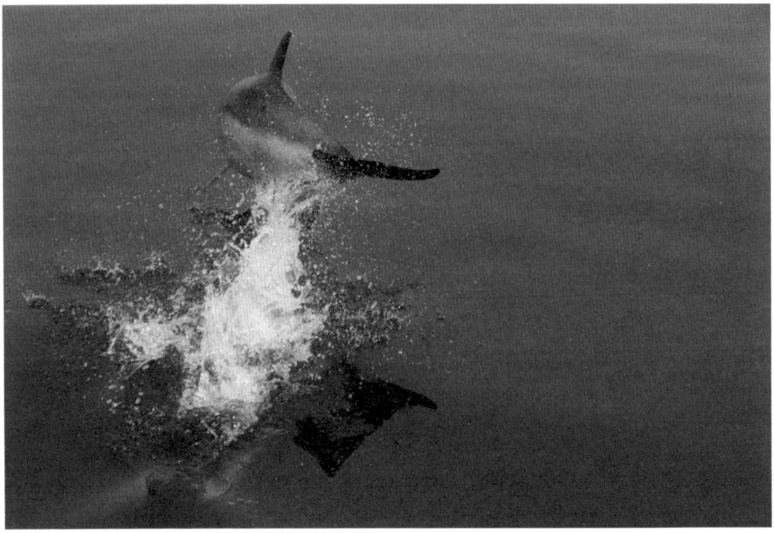

손주와 함께 보고픈 돌고래의 모습

눈이 즐거운 날이다.

지중해 아드리아해의 무풍 속에 멍하니 콕핏에 앉아 있는데 이번에는 갑자기 돌고래 대여섯 마리가 나타났다. 웃음을 머금은 입과 귀여운 얼굴과 함께 자유로운 유영으로 마치 서커스 단원들처럼 요트 주위로 점프하는데, 시선을 어디에 두어야 할지 모르겠다. 사진을 찍어 보니 무풍 속에 촬영해서 그런지 깔끔하고 선명하다. 이 멋진 광경을 재원이가 초롱초롱하게 바라보며 손뼉을 칠 모습을 상상하며, 재빨리 카메라를 들고 나와 손주를 위한 첫돌 선물로 동영상을 정신없이 담아내었다.

비스 → 오트란토

2018.08.08. 오트란토 입항

오트란토 Otranto
이탈리아 남부 풀리아 주에 있는 도시

오전 11시, 오트란토 요트 클럽 레가 나발레 이탈리아나 세지오네 디 오트란토Lega Navale Italiana Sezione di Otranto 입항.

요트 내부와 데크 및 콕핏을 민물로 깨끗하게 청소한 후, 저녁도 먹고 관광도 할겸 마리나 앞에 보이는 아르곤스성Castello Aragonese을 방문했다. 아르곤스성의 높은 성곽 안은 시원해서 천국이 따로 없다. 특히 해질녘 성곽에서 바라본 마리나는 너무 아름다워 신비롭기까지 하다.

더 신선한 즐거움을 주는 장소는 성곽에서 가장 뷰가 좋고 분위기 좋은 토레 마타Torre Matta거리의 피자집. 핏제리아 300밀라Pizzeria 300mila라는 이름의 레스토랑에서는 피자를 30cm, 50cm, 70cm 단위로 계산한다. 기념 사진도 찍을 겸 70cm짜리 치즈피자 1판을 시켜 먹으면서 2층 계단으로 올라가 바닷가를 보니 수많은 해수욕객들과 파라솔, 그리고 저 멀리 간간이 떠 있는 요트들과 해넘이가 한 폭의 그림처럼 너무 아름답다.

영상과 사진을 정신없이 찍고 나서 마리나로 돌아오는 길, 작은 음악회가 열리고 음악에 맞춰 온 동네 할머니 할아버지들이 손에 손잡고 둥글게 돌면서 춤을 춘다. 한참 춤을 추다가 흥이 나자 관광객에게도 손을 내밀며 다 같이 춤을 추자고 요청한다. 나도 할머니 손에 이끌려서 두 손 맞잡고 빙글빙글 돌았다. 그냥 덩달아서 신이 났다.

오트란토

2018.08.09. - 08.11. 기항지에서의 시간

아침 일찍 일어나 마리나에서 걸어서 10분 거리에 있는 시외버스 승강장에서 레체Lecce로 가는 완행버스를 탔다. 레체는 역사가 오래된 도시로, 약 기원전 200년대에 건설되어 2,000년이 넘는 역사를 자랑한다. 덕분에 많은 문화유산을 보유하고 있고 남부의 피렌체라고 불릴 정도로 고풍스럽고 아름답기로 소문난 관광지다. 비포장도로나 다름없는 구불구불 한적한 시골 마을을 지나 동네 동네 버스 승강장을 다 돌고도 한참을 지나 백사장이 있는 해변에 다다랐다. 레체 버스 승강장에 도착하자마자 이곳부터 유적지다. 새로 지은 건물보다 유적지가 더 많고 방대하다. 수천 년 전에는 얼마나 웅장하고 화려하게 잘 살았을까? 타임머신 타고 그때 그 시절로 돌아가 보고 싶다는 생각을 잠시 한다.

골목을 거닐다 재봉틀로 이름을 수놓아 주는 젊은 청년을 만났다.

신기해서 쳐다보니 어디서 왔냐고 물으며 기념으로 'Korea Kim Young Ae'라고 멋지게 자수를 놓아 준다. 5유로EUR인데 멀리서 왔다고 그냥 선물로 준단다. 그냥 받을 수가 없어 돈 대신 태극선 부채 1개를 선물로 줬다. 태극 문양을 바라보더니 부채질을 하면서 너무 좋아한다.

오트란토 → 산타 마리아 디 레우카

2018.08.12. 출항, 입항

산타 마리아 디 레우카 Santa Maria di Leuca
이탈리아 남부 풀리아 주에 있는 마을로, 장화 모양인 이탈리아 반도의 '뒷굽' 끝에 해당한다.

오전 07시 30분 오트란토 출항. 항해 거리가 짧아 특별히 준비할 것은 없다. 날씨는 맑고 구름 한 점 없다. 데크에서 휙 둘러보니 백사장에 빼곡히 펼쳐져 있는 형형색색 파라솔만 보인다. 너무 아쉽다. 또 다시 언제 올 수 있을런지 많은 여운이 남는다

오후 3시 30분, 포르토 투리스티코 마리나 디 레우카Porto Turistico Marina di Leuca 입구 빈 선석에 입항 후 입국 절차를 밟기 위해 마리나 사무실로 갔다. 마리나 여직원에게 사인한 전주 태극선 부채를 선물로 주었더니 부채를 바라보면서 엄청 좋아한다.

이곳 마리나는 요트 수백 척을 계류할 공간에 비해 사무실은 빈약하다. 반면 요티들이 사용할 샤워장, 카페 등은 깔끔하고 에어컨 시설은 잘 되어있다. 한국의 마리나와는 상반되는 실속 있는 마리나다.

휴가철이라서 그런지 마리나 근처 바닷가에는 파라솔과 피서객들

로 인산인해다. 바닷가 조약돌보다 사람이 많아 보인다. 마리나도 만석이고 계류비도 휴가철이라서 비싸다.

오후 5시, 요트 대청소 후 해넘이를 보기 위해 케이프 산타 마리아 디 레우카Capo Santa Maria di Leuca로 갔다. 이탈리아의 남동쪽 끝이며, 전통적으로 이탈리아반도의 지리적 '발뒤꿈치'의 가장 낮은 지점으로 간주되는 곳. 아드리아해와 이오니아해의 바닷물이 만나는 지점이다. 해넘이를 보기 위해 많은 관광객들이 먼저 와서 기다리고 있었다. 관광객 모두 다 해가 넘어가는 서쪽을 바라보면서 환호성이다. 나도 열심히 카메라 셔터를 눌렀다.

산타 마리아 디 레우카 → 시라쿠사

2018.08.14. 산타 마리아 디 레우카 출항

새벽 5시에 일어나서 동굴 절벽 옆 케이프 산타 마리아 디 레우카Capo Santa Maria di Leuca로 출사 가는 길. 1~2m 높이의 선인장이 장관이다. 간식으로 야생 선인장 열매, 무화과, 포도를 따 먹었다. 아드리아 해변의 과일들은 강렬한 햇볕을 골고루 강하게 받아서인지 정말 맛있다. 사진 찍는 즐거움보다 야생 과일들 따 먹는 재미가 더 쏠쏠하다.

오후 1시, 시라쿠사Syracuse를 향해 출항.

사무실에 들려서 인사를 했다. 직원들 2명이 폰툰에 나와 손을 흔들며 잘 가라고 인사를 한다. 참 고맙다.

맞바람에 풍속 10노트 기주 항해, 선속 평균 4노트. 저녁 먹고 수영장을 개장했다. 아드리아해를 통째로, 그것도 공짜로 전세 내어 해넘이를 보면서 수영을 즐기고 샤워를 했다. 바닷바람이 보드랍고 시원하다. 눈앞에 보이는 모든 것이 다 내 것이로다. 어제와 같이 저 멀리 초승달과 샛별이 떴다.

산타 마리아 디 레우카 → 시라쿠사

2018.08.15. 항해 중

이오니아해의 날씨는 한국의 초가을 날씨와도 같다. 바다 한가운데임에도 불구하고 바닷물과 바람 사이에서 느껴지는 끈적임이 없는 상쾌함이 좋다. 새벽 2시부터 바람이 와서 아침 7시까지 세일링하기 최상이다. 풍속 13~16노트 선속 5~6노트.

항해하는 요트를 발견하고 두 손 번쩍 들어 흔들어 주고 나서 얼마 지나지 않아 돌풍이 일었다. 풍속 20~30노트의 바람이 이리저리 정신없이 불어 대니 재빨리 돛을 줄이기 위해서 윈치로 시트를 감았다가 폈다를 반복하였다.

돌풍이 오전 11시까지 3~4시간 지속된다. 선수 갑판에 묶어 두었던 고무보트가 날아갈 뻔한 것을 겨우 잡아놓았다. 제노아 세일genoa, 앞쪽에 펼치는 삼각돛은 펄럭이고 시트가 엉켜서 메인세일mainsail, 추진력을 얻는 돛이 제대로 감기지 않아 온통 야단법석이다. 크로아티아 마리나숍에서 구입한 요트 브랜드 양동이와 대나무 햇빛 가리개가 순식간에 날아가 버리고 말았다. 해도를 확인 후 근처 동네 해수욕장Guardavalle Marina 앞으로 피항 후 정박하고 하루 쉬었다 가기로 한다.

지중해의 여름은 항해하기 가장 좋다는 말을 들었는데 막상 겪어

보니 그런 것만은 아닌 것 같다. 마치 아름다운 지중해의 양면성을 보는 것 같았다. 날씨는 시원해서 참 좋았지만, 새벽에는 추워서 침낭을 사용했다.

산타 마리아 디 레우카 → 시라쿠사

2018.08.16. 항해 중

오늘은 멀리 런던에서 공부하고 있는 딸내미 생일이라 위성전화로 연락을 했다. 신호음이 가는데 끊기다가 세 차례 시도 끝에서야 받는다. 목소리라도 듣고 생일 축하 인사를 했더니 그나마 마음이 편하다. 벌써 집 떠나온 지 1달째 되는 날이다. 집 생각도 나지만 내가 하고 싶은 항해를 하니 몸은 힘들고 피곤해도 마음은 편안하고 즐겁다.

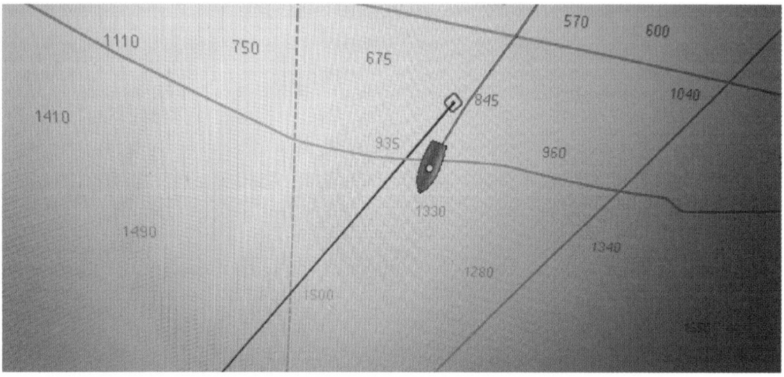

오전 6시 10분, 피항지에서 출항해 다시 시라쿠사로 항해를 시작했다. 문득 모니터를 보니 2년 전 지나갔던 항적과 지금 내가 항해 중인 요트의 항적이 만나 교차한다. 이 넓은 지중해 바다에서 이런 일이 있다니, 전자해도로 보는 것인데도 참 신기하다.

지중해에서 지브롤터 해협을 건너

시라쿠사 — 엠시다 — 비르구 — 고조 — 판텔레리아

2장

이곳에서의 하루는 마치 한 편의 영화처럼

항해 중 포착한 경이로운 순간들을 생생한 영상으로 미리 만나보세요!

지중해의 숨은 진주, 몰타

산타 마리아 디 레우카 → 시라쿠사

2018.08.17. 시라쿠사 입항

시라쿠사 Syracuse
이탈리아 시칠리아섬에 있는 도시

오전 8시 30분 시라쿠사 항구Porto di Siracusa 입항.

이곳 마리나의 할머니 할아버지들은 전부 요트에서 생활하는 '생활 요티'님들이다. 옆 요트 할머니께서 꽃무늬 예쁜 비키니 수영복을 입으시고 노란 멜론 1개를 깎아서 가지고 오셨다. 먹어 보니 달콤하고 과즙이 많아 맛있다. 요트를 이리저리 위아래로 보시더니 "어디서 왔냐?" "어디로 가느냐?" 질문을 늘어놓으신다. 궁금한 게 많으신 모양이다.

시라쿠사

2018.08.18. - 08.19. 기항지에서의 시간

시라쿠사는 시칠리아섬에 있는 옛 도시이자, 유네스코가 지정한 세계문화유산이다. 풍부한 그리스 역사, 문화, 원형극장, 건축물과 더불어 저명한 수학자 아르키메데스의 출생지로도 유명하다.

시라쿠사 거리는 미로 같기도 하지만 좁은 골목에 상가와 집들이 잘 어우러져 있어 눈으로 보는 즐거움과 걷고 또 걷는 재미가 특별하다. 걷기 싫어하는 사람들도 걷게 만들고 빨려 들어가는 느낌이다. 마리나 옆 항구에는 프랑스 니스에서 본 색색의 귀엽고 예쁜 목조 나무배들이 즐비하다. 옛 고도의 성곽과 건물들과 어울리는 마리나의 야경에 옛 그리스 로마시대의 도시에 온 듯한 착각에 빠져든다. 참 아름답다.

시라쿠사에서 이틀째, 아침 일찍 새벽 수산시장에 가려고 했는데 일요일은 쉬는 날이었다. 마리나 사무실 직원이 추천해 준 마리나에서 10분 거리 일요일에만 개장한다는 벼룩시장 메르카티노 델레 풀치Mercatino Delle Pulci에 갔다. 생필품은 물론 골동품까지 취급하는 만물상이다. 가장 먼저 여유분 돋보기 안경을 구입했다. 노안이 있는 데다 선글라스를 써도 강한 햇볕으로 눈이 나빠지기 때문이다. 2개를 3유로 주고 구입. 가격이 싸다.

시라쿠사 → 엠시다

2018.08.20. 시라쿠사 출항

오늘은 몰타 공화국으로 가는 날이다.

오전 9시, 섬 뒤편에 있는 오르티지아 포르타 마리나 인디펜덴테 ORTIGIA Porta Marina Indipendente에서 주유 후 출항했다.

출항하고 1시간이 지나자 천둥번개가 요란하다. 돌풍으로 인해 연안을 항해했다. 또 1시간이 지난 후에는 무풍으로 기주 항해를 계속한다.

30해리쯤 항해하자 돌고래가 나타났다. 티브이를 통해 바라보던 BBC 자연 다큐멘터리를 실제 현장에서 보고 있자니 매번 놀라움의 연속이다. 선수에서 세 마리가 누가 누가 잘하나 점프 시합을 한다. 돌고래는 언제봐도 귀엽고 예쁘다. 돌고래를 볼 때마다 손주가 생각난다. 돌고래 뛰는 모습을 보면 손주의 좋아하는 모습을 상상하며 웃음 짓게 된다.

날이 어느덧 저물기 시작하고, 저녁 6시부터는 항해하기에 바람이 좋아 세일링 12~16노트를 유지한다. 가끔 펀칭punching, 거친 파도가 요트에 충격을 주는 일도 있지만 견딜 만하다.

시라쿠사 → 엠시다

2018.08.21. 엠시다 입항

엠시다 Msida
몰타 공화국의 중부지방 북부하버지구에 있는 항구 도시

오전 9시, 몰타 공화국의 엠시다 크릭 마리나Msida Creek Marina에 입항했다. 몰타 공화국은 제주도 6분 1 크기의 작은 나라다. 요티들의 천국답게 마리나는 깔끔하고 좋다. 데크와 콕핏 물청소를 하고 점심으로 빵과 음료를 먹고 나서 마리나 사무실로 나섰다. 사용료를 지불하고 돌아 오는 길, 마리나에 빽빽이 계류되어 있는 요트들 사이로 비친 엠시다 파리쉬 성당Msida Parish Church의 반영이 아름답다. 밤이 되자 황금빛으로 휘황찬란해진다.

엠시다

2018.08.22. - 08.24. 기항지에서의 시간

아침에 일어나 마리나 건너편 언덕 찻길을 보니 이곳도 출근 시간에는 교통대란이다. 자동차가 주차장을 방불케 한다.

크로아티아에서 화분에 심어 가져온 새싹 열무에 물을 주고 아침 산책 겸 마리나를 한 바퀴 돌았다. 마리나에 끝없이 펼쳐진 요트들과 잔디밭을 배경으로 커다랗게 만들어 놓은 시계가 인상 깊다.

아침을 먹고 임디나Mdina, L-Imdina 일일 택시투어를 신청했다. 임디나는 몰타의 옛 수도로, 중세의 분위기가 느껴지는 고색 짙은 매력이 깃든 도시이다. 영화 〈왕좌의 게임〉, 〈글래디에이터〉의 촬영지로 곳곳에서 로마의 옛 용사들이 튀어나올 것 같다. 패션잡지 모델들이 서 있을 만한 곳이라 생각했는데, 마침 촬영을 하고 있는 모습이 보인다. 사진 몇 컷 찍을 수 있냐고 물으니 흔쾌히 허락하며 같이 찍을 것을 제의한다. 나도 모델이 되고 싶다.

투어 중 칼리Ta' Qali 마을에 있는 항공박물관MALTA Aviation Museum을 찾았다. 전 왕립 공군 비행장에 위치한 이 박물관은 제2차 세계 대전과 전후 시대의 전시물로 몰타섬의 항공 역사와 비행기가 전시되어 있다. 전시를 관람하고 그곳에서 가까운 도자기공장을 찾았다. 장인들이 직접 만든 유리 제품과 각양각색 도자기 제품들의 영롱한 빛깔이 너무 예쁘다.

몰타의 전통적인 수상 택시, 디사

몰타 공화국에서 유명한 마샬슬록Masaxlokk 수산시장에 갔으나 이 시장은 매주 일요일 날만 열린단다. 시장 앞 풍광이 환상이었다. 푸른 바다 물빛과 형형색색의 작은 전통 배 디사Dgħajsa와 어우러져 너무 아름답다. 시장 한가운데에는 어부가 고기 바구니를 들고 오고 아이들이 강아지와 함께 마중 나와 반기는 정겨운 동상이 세워져 있다.

엠시다 → 비르구

2018.08.25. 출항, 입항

비르구 Birgu
몰타의 수도인 발레타가 설립되기 이전부터 존재했던 오랜 역사를 지닌 도시

몰타 공화국에서 4일째 되는 날, 엠시다 크릭 마리나Msida Creek Marina

캠퍼 & 니콜슨 그랜드 하버 마리나

에서 비르구에 있는 캠퍼 & 니콜슨 그랜드 하버 마리나Camper & Nicholsons Grand Harbour Marina로 이사하기 위해 아침 일찍 출항 신고를 했다. 마리나 직원들이 건너편 사무실에서 보트 타고 직접 찾아와 친절히 안내해 준다. 고마워서 태극선 부채에 사인한 선물을 건네고 작별 인사를 했다.

캠퍼 & 니콜슨 그랜드 하버 마리나는 이번 항해 여정 중 가장 럭셔리하고 아름다운 마리나다. 1782년에 지어진 오래된 건물로, 타임머신을 타고 로마시대 궁궐에 들어온 느낌이 든다. 호사스러운 마리나에 사전 입항 신고를 해서인지 마리나 직원들이 깔끔한 유니폼을 입고 나와서 매너를 갖추고 안내하며 전기, 수도 시설까지 꼼꼼히 설치해 준다.

깔끔하게 정리된 마리나의 사무실로 들어가 직원에게 한국에서 왔다고 하니 친절하게 대해 주며 자신의 할아버지가 러시아 국적의 고려인 2세라고 소개한다. 역시 태극선 부채를 선물로 주고 함께 기념사진을 찍는다. 마리나는 멋있고 고가의 요트들이 서로를 뽐내는 듯 정박해 있다. 샤워장, 레스토랑 등 부대시설도 최고급 호텔급이다.

비르구

2018.08.26. - 08.27. 기항지에서의 시간

런던에서 공부 중인 딸내미가 내가 있는 몰타 공화국까지 찾아온다기에 택시를 불러 타고 공항으로 가서 새벽 1시부터 대기했다. 캐리어를 끌고 오는 딸을 발견하니 가슴이 뭉클하다. 2년 만의 만남이다. 미술 공부를 하는 딸은 엄마도 만나고 이곳 성 요한 대성당St. John's Co-Cathedral에서 카라바조Caravaggio의 작품 <세례자 요한의 참수>를 관람하는 게 방문 목적이다. 딸과 둘이서 아침 일찍 전통 배 디사를 타고 육지로 건너가 지중해의 숨은 진주라는 몰타의 수도 발레타를 여행했다.

발레타는 1980년 도시 전체가 세계문화유산으로 지정되었다. 중세 도시 분위기가 많이 남아 있고, 다양한 색깔의 발코니가 유명하다. 이 도시는 1565년 오스만 터키군과의 전쟁을 겪으며 난공불락의 도시가 되도록 건설되었다. 대공방전 이전부터 존재한 성 엘모 요새Fort st. Elmo를 더해, 도시 전체가 요새화되어 있다. 몰타 공화국의 정치와 역사적 기능이 모여있는 곳이지만 현재는 세련된 분위기의 카페와 레스토랑이 즐비하다. 걷는 것만으로도 볼거리가 가득한 곳이다. 아랍과 중세의 유럽 문화를 느낄 수 있는 건축물 중에서도 소박한 외관과 달리 바로크 양식의 화려한 실내장식과 벽면의 그림들이 탄성을 자아내는 성 요한 대성당이 특히 유명하다.

비르구→고조

2018.08.28. 출항, 입항

고조 Gozo
몰타 군도의 섬 중 하나. 면적이 울릉도보다 조금 작으나 몰타섬에 이어 두 번째로 큰 섬

오전 10시, 딸내미와 함께 출항해 코미노Comino, Kemmuna섬으로 향했다. 오후 2시 코미노섬 블루 라군Blue Lagoon에 입항했지만 관광객이 너무 많다. 코미노섬의 선탠하는 피서객들은 가을 산 단풍잎을 방불케 했다. 수영복 입은 사람들을 겹겹이 이렇게 많이 보기는 처음이다. 결국 1시간 만에 고조섬으로 배를 옮겼다.

딸내미는 내일 오전 11시 비행기로 떠나야 한다. 시간이 없어 고조섬 택시 관광을 택했다. 고조의 제일 유명한 지중해식 요리전문점에서 저녁을 먹고 마리나 폰툰에 떠 있는 커피숍Mgarr Marina Yacht Club Bar에서 커피와 쥬스 한 잔, 그리고 고조섬에서만 생산된다는 유명한 양우유 치즈 쥬베이니엣Gbejniet을 먹었다. 딸내미가 엄청 좋아한다.

고조

2018.08.29. - 08.30. 기항지에서의 시간

고조섬에서의 하룻밤을 보내고 딸내미는 아침 7시 30분 여객선으로 발레타항을 거쳐 몰타 국제공항에서 영국 런던으로 떠났다. 함께하는 4박 5일의 시간이 이렇게 빨리 지나갈 줄이야. 짧은 일정이었지만 딸과 함께라서 즐겁고 행복했다. 가는 뒷모습을 보니 마음이 아팠지만 서로 지금 현실에 최선을 다하자.

코미노섬

딸을 보내고 나 홀로 지중해 고조섬에서 스쿠버 다이빙에 도전한다.

스쿠버 다이빙은 그 지역 바닷속 상황을 잘 알고 포인트를 선택해야 하므로 마리나 직원이 추천해 준 칼라Qala에 있는 블루 워터스 다이브 코브 다이빙 센터Blue waters dive cove diving centre를 방문하였다. 이곳 다이빙 센터에서 준비해 준 장비(슈트와 부력조절기BCD, 호흡기, 웨이트 벨트, 오리발 등)를 다시 한 번 체크하고 숍 전용 자동차를 타고 20여 분 거리에 있는 혼독 베이Hondoq Bay 포인트로 이동했다.

지중해의 푸른 잉크빛 물속에 풍덩!! 시야가 무서울 정도로 맑고 깨끗하고 고요하다. 블루홀blue hole에 천천히 빠져드는 느낌이다. 한참 유영 하다 보니 긴 수초가 어우러져 2002년에 다녀온 시리도록 맑고 차가운 러시아 바이칼 호수의 모습이 떠올랐다. 민물이지만 산호가 있고 바다 갈매기와 표범이 있는 곳. 그와는 비교가 안 되지만 오랜만에 다이빙이라서 그런지 마음도 편안하고 좋다. 좀 아쉬웠지만 무사히 2 탱크 다이빙을 마쳤다. 유럽에서는 대부분 하루 2 탱크 이상 다이빙을 추천하지 않는다. 아무래도 체력적으로 떨어지다 보면 사고가 생길 위험이 있기 때문일 것이다.

다이빙 숍에서 안내해 준 레스토랑에서 해산물 요리와 지중해식 샐러드로 점심으로 먹고 돌아오는 길, 람라 베이 & 칼립소 동굴Ramla Bay & Calypso's Cave에 방문했다. 몰타어로 '람라'는 빨간색을 의미하며 말 그대로 빨간 모래가 특징인 아름다운 모래사장이다. 동굴은 출입이 금지되어 있어 들어갈 수 없었고, 동굴 위에서 풍경을 바라봤다. 람라 베이의 앞 푸르게 빛나는 지중해는 절경이라 할 수 있다. 이렇게 좋을 수가?

8월 30일

고조섬에서 코미노섬으로 출사를 나간다. 코미노섬은 몰타섬과 고조섬 사이에 자리하고 있으며 스노클링, 다이빙, 윈드서핑 등 수상 스포츠를 즐기는 여행객들의 파라다이스다. 몰타의 바다 중 최고의 아름다움을 자랑한다.

자동차가 없는 지역이다 보니 싱그러운 야생 꽃과 허브의 향기 또한 곳곳에서 맡을 수 있다. 섬을 올라 세인트 메리 타워St. Mary's Tower 망루에서 내려다보니 작고 아름다운 코미노섬이 한눈에 들어온다.

고조 → 판텔레리아

2018.08.31. 고조 섬 출항

몰타 공화국에서 10일째 되는 날, 고조섬을 떠나 이탈리아 판텔레리아로 향한다. 출항 후 3분, 좌현에서 갑자기 돌풍이 불어와 배가 밀려 앞 선석에 계류되어 있는 파워 보트를 앙카Anchor, 닻로 들이받았다. 큰 사고가 아니어서 다행이다. 이 과정에서 마리나 직원이 출동했으나 별 탈은 없었다. 사고는 한순간이다.

고조 → 판텔레리아

2018.09.01. 항해 중

오후 16시, 멀리 이탈리아 판텔레리아섬이 보인다.

섬 사이로 지는 해가 아름답다. 해는 뜨는 해나 지는 해 모두 언제 봐도 새롭고 아름답다.

고조 → 판텔레리아

2018.09.02. 판텔레리아 입항

판텔레리아 Pantelleria
시칠리아섬 남서쪽 지중해에 있는 화산섬

아침 7시 15분, 고조섬에서 출항한 지 29시간 만에 이탈리아의 검은 진주라는 판텔레리아의 포르토 누오보 마리나Porto Nuovo Marina에 입항했다. 마리나는 폰툰 날개 없는 지중해식이다. 육지와 떨어진 섬이라서 그런지 마리나 수도와 전기 사정이 좋지 않다. 시설도 노후되고 정리가 안 되어 있다.

입항 후 데크와 콕핏 등 대청소를 하고 점심도 먹을 겸 바로 앞에 보이는 시내로 나왔다. 걸어서 15분 거리 큰 길가에 있는 메디테라네오 호텔Mediterraneo Hotel 로비에서 택시 관광을 문의하니 호텔 지배인이 내일 직접 안내를 해준다고 한다. 내일 오전 9시 이곳 호텔에서 만나기로 약속했다.

시내는 깨끗하고 한산하다. 내가 신기한 것은 보트 대여소 라 토르투가La Tortuga 앞에 계류되어 있는 10여 척의 색색의 작고 예쁜 전통 목선 요트다. 프랑스 니스에서 본 전통 요트보다 훨씬 세련되고 예쁘다. 한국으로 하나 가지고 가고 싶다는 생각을 했다.

판텔레리아

2018.09.03. - 09.04. 기항지에서의 시간

아침 일찍 일어나 밥을 챙겨 먹고 들뜬 마음으로 어제 약속한 메디테라네오 호텔 지배인을 찾아갔다. 로비에 도착하니 8시 40분이다. 지배인의 자가용을 타고 '비너스의 거울Specchio de Venere'이라 불리는 화산 분화구 호수를 비롯해 섬 이곳저곳을 돌았다.

점심은 뷰가 너무 아름다운 이탈리안 레스토랑 르 칼레Le Cale에서 가이드가 추천해 준 문어숙회와 토마토와 치즈가 듬뿍 들어간 지중해식 샐러드를 먹었다. 그리고 이곳 판텔레리아에서 생산되는 화이트와인 한 잔을 마셨다.

차를 타고 가다 보니 길가에 큰 트럭을 세워놓고 포도 수확이 한창이다. 트럭엔 포도가 가득. 직원들은 검은 통에 가득 담긴 청포도를 연신 들어 나르고 있다. 포도밭은 포도나무 반 잡초 반이다. 잡초에 가려 포도나무가 잘 보이지도 않는다. 그마저도 3분의 1은 포도 상태가 좋지 않은 듯하다. 한 송이 따서 먹어 보라길래 맛을 보았는데 와!!! 이런 포도 맛은 처음이다. 꿀맛보다 더 맛있다.

판텔레리아 → 칼리아리

2018.09.05. 판텔레리아 출항

판텔레리아에서의 3박 4일 일정을 마무리하고 이탈리아 남부 칼리아리로 간다.

아침 6시 40분 출항, 먼바다로 나오니 해돋이가 아름답다.

멀미 방지용으로 키미테를 붙여서인지 두통은 없으나 졸음이 밀려온다. 항해 중 습도가 높아 끈적거리고 불쾌지수가 높다. 해무가 뿌연 와중에 앞이 잘 보이게 비미니Bimini*를 내리고 항해를 하니 더 힘들다. 의자 방석도 치우고 콕핏 마룻바닥에 있으니 한결 편하다. 하늘을 보니 별들의 전쟁이다. 날마다 뜨는 별들도 그날 날씨에 따라 빛이 다르다. 오늘은 유난히 보석을 뿌려놓은 듯 영롱하다. 흔들리는 요트 내에서 카메라로 별을 촬영할 수 없다는 게 너무 아쉽다.

이런 날에는 가족들이 그립다.

판텔레리아 → 칼리아리

2018.09.06. 항해 중

무풍에 기주 항해 중 습도로 너무 더워서 플랫폼platform을 열어놓고 샤워를 했다. 시원한 것도 잠시, 다시 습식 사우나에 있는 듯하다. 온몸에서 물이 줄줄 흐른다. 어쩌다 한 번씩 불어오는 지중해 바닷바람이 살갑다.

판텔레리아 → 칼리아리

2018.09.07. 칼리아리 입항

칼리아리 Cagliari
이탈리아 서부 사르데냐섬에 있는 도시

칼리아리까지 남은 항해 거리 26해리. 새벽 12시부터 노고존'No-go'

*콕핏을 보호하는 햇빛 가리개

zone에 맞바람이 분다. 18~22노트까지. 아침 6시까지 펀칭이 심하다가 해가 뜨자 바람이 조금씩 줄어들기 시작한다. 사르데냐Sardegna섬이 보이고, 산비탈에 여기저기 풍력발전기가 보인다. 바람이 많은 곳인가 보다. 등대를 지나 직선 코스로 10해리를 남겨두고부터 또 바람 세기가 심각하다. 맞바람에 최고풍속 27노트까지. 너무 피곤해서 가까운 항구로 피항할까 잠시 고민하는데, 간간이 세일을 즐기는 요트들이 보인다.

오후 2시 10분 입항. 1년 8개월 만에 다시 칼리아리에 왔다.

칼리아리

2018.09.08. - 09.09. 기항지에서의 시간

칼리아리 마리나 디 산텔모Cagliari Marina di Sant'Elmo를 한 바퀴 돌며 사진을 찍었다. 바람이 불어 반영은 없지만, 정박되어 있는 수백 척의 배들이 서로 나부끼며 돛대와 시트가 부딪히는 소리가 간간이 나고 돛대 숲 사이로 붉은 해가 서서히 떠오른다. 마스트에 비친 강한 햇빛이 오늘 날씨를 예감하게 한다.

LPG 가스 충전도 하고 관광도 할 겸 마리나 사무실에 부탁해 택시를 불렀다. 예전에 다녀갔던 기억을 되살려 마린 숍에 갔으나 가스 연결 커넥터가 맞지 않아 시내 LPG 관련된 곳은 다 찾았으나 없다.

사실 커넥터 찾는 것보다 마리나에서 바라보면 눈앞에 보이는 포르티노 디 산타냐지오Fortino di Sant'Ignazio의 폐허 된 언덕이 더 궁금했다. 1년 8개월 전 아침 해돋이 출사 중 발목 골절 사고가 난 곳이다. 다시 찾아가 봤더니 아직도 비포장길 조약돌 발 오솔길이다. 화산석 돌멩이들을 물끄러미 쳐다봤다. 저 작은 돌멩이 하나 밟아 미끄러져 대형

사고를 쳤다. 그때의 아픈 상처를 잊게 해주는 듯 성벽 틈 사이로 보이는 지중해의 바다는 티 없이 맑고 아름답다.

저 멀리 요트 한 척이 한가롭게 순풍에 돛 달리기 세일을 하고 있고, 우측을 바라보니 마리나와 칼리아리 시내 전망이 아름답다. 산텔리아 요새Forte di Sant'Elia 악마의 안장이라 불리는 곳에서 기암괴석 언덕 너머로 지중해의 아름다움이 한눈에 들어온다. 그때 함께 했던 고맙고 또 고마운 요티들이 한 사람 한 사람 생각난다.

9월 9일

아침 일찍부터 소란스러워 밖을 내다보니 마리나에 요티들이 식료품 등 물품을 끌고 몰려온다. 남녀노소 할 것 없이 요팅을 즐기러 오는 사람들이다. 보는 사람마다 이탈리아말로 인사를 한다.

"짜오Ciao!"

난생 처음 보는 바다 위의 '오메가'

칼리아리 → 마요르카

2018.09.10. 칼리아리 출항

오늘은 스페인 마요르카Mallorca에 가기 위한 3일간의 항해를 준비하는 날이다. 먼저 살롱과 콕핏을 정리정돈하고 필요한 물품들을 점검했다. 마리나의 샤워장에서 미리 샤워를 마쳤다. 샤워 후, 마리나에서 만난 직원 두 분께 태극선 부채를 선물로 드리고 기념사진을 찍었다.

어제 엔진 벨트를 교체하면서 교체한 벨트를 쓰레기인 줄 알고 실수로 버리다 바닷물에 빠뜨리고 말았다. 다이빙 장비를 착용하고 폰툰 아래로 들어가 벨트를 찾았고, 다시 회수하여 비상용으로 보관했다.

12시쯤 마리나를 떠나 구시가지 바로 옆 항구에 요트를 접안했다. 경유를 주입한 후 오후 1시 30분 출항. 항해가 시작되자 오후 내내 두통과 뱃멀미로 고생이다. 몸 상태는 좋지 않지만 모든 준비를 마친 것에 안도감을 느낀다. 앞으로의 항해가 순조롭기를 바란다.

칼리아리 → 마요르카

2018.09.11. 항해 중

어제부터 멀미가 계속되고 속이 메스껍고 두통이 심하다. 다시 키미테를 붙여봤지만 소용이 없다. 한번 멀미가 시작되면 육지에 내리기 전까지 멈추지 않는다. 파도가 심하게 치는 날에는 '내가 왜 배를 탔을까?'라는 생각이 들 정도로 힘들다. 바다로 뛰어내릴 수도 없고.

새벽 1시부터 아침 7시까지 항해 중 너무 추워서 가을 점퍼를 꺼내 입었다. 본섬의 기온은 28도인데 여기는 바다 한가운데라 초가을 날씨 같다. 밤에는 기온이 23도까지 내려가고 체감온도까지 있으니 더 춥다.

칼리아리 → 마요르카

2018.09.12. 항해 중

아침 7시부터 풍속 13~17노트, 최상의 항해 조건이다. 선속 평균 6~7노트로 스페인 마요르카Mallorca섬을 향해 가고 있다.

아침 먹고 9시부터 11시까지 낮잠을 잤다. 항해 중 일상이다. 밥 잘 먹고 잠 잘 자고, 항해 잘하고. 그게 전부다.

어디서 날아 왔는지 잠자리 한 마리가 날아왔다. 요트 내에서 쉴 만한 곳을 찾아 함께 육지까지 갔으면 한다. 이 드넓은 바다에서 달리 날아갈 곳이 없다. 잠자리도, 나도.

칼리아리 → 마요르카

2018.09.13. 항해 중

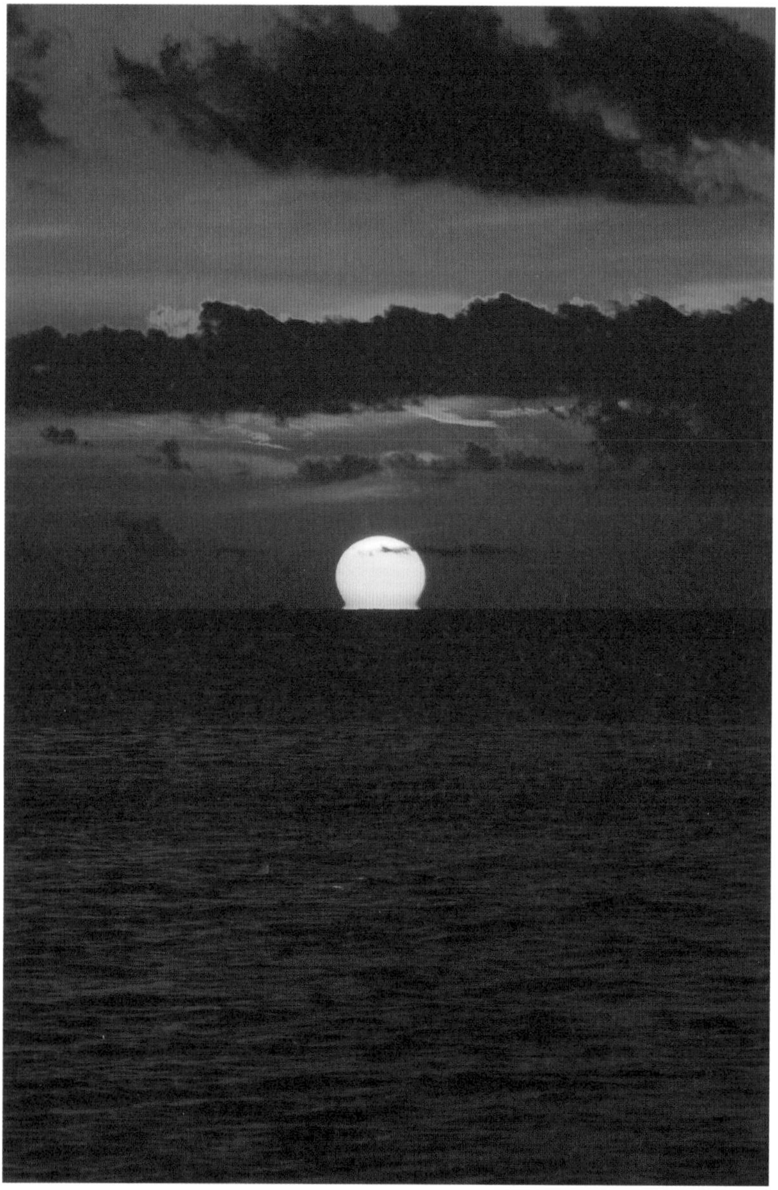

바다 위의 오메가

오늘 새벽 돌풍이 예고되어 있었지만, 예상과는 달리 돌풍은 아직 찾아오지 않았다. 대신, 높은 파도와 번개가 몇 시간째 계속되고 있다. 육지에서 번개가 칠 때는 항상 무섭게 느껴졌지만, 바다 위에서는 그것도 일상의 일부처럼 느껴진다. 물론, 한편으로는 멋진 번개 사진을 찍을 수 있기를 바라는 마음도 있지만.

저녁 내내 높은 파도가 요트를 이리저리 흔들며 정신을 차릴 수 없게 만든다. 파도가 요란하게 부딪치는 밤 동안, 요트는 방향을 잃고 좌우로 심하게 흔들린다. 밤새 뱃전을 두드리는 파도의 소란에 시달리다 보니, 결국 아침을 먹고 나서 12시까지 깊은 낮잠을 잤다. 두통약을 먹었음에도 두통이 심해서, 피로가 더 크게 느껴진다.

오후 5시, 드디어 스페인 마요르카섬의 아름다운 에스 트렌크Es Trenc 해변에 도착하여 묘박했다. 이곳에는 약 20여 대의 요트가 정박해 있다. 해수욕장으로 유명한 이곳은 수심이 낮아 묘박하기 좋고 흰 모래와 옥빛 맑은 바닷물이 어우러져 최상의 조건을 갖추고 있다.

오늘 저녁, '오메가Ω'라 불리는 특별한 지중해의 해넘이를 보았다. 내 생애 처음이다. 수평선에 해무도 없어 아름다운 오메가를 아낌없이 보여주어 잠시지만 황홀경에 빠져들었다. 거기다 태양이 수평선에 거의 닿을 때, 그 옆에 세상에서 제일 큰 왕도깨비 방망이 모양의 구름이 형성된 것을 목격했다. 마치 뭔가 좋은 일이 일어날 것 같은 행운의 징조처럼 느껴졌다.

저녁 식사 후, 올리브와 치즈를 안주로 와인을 한잔했다. 요트의 마스트 등불은 마치 피지의 해변에서 길게 켜놓은 횃불을 연상시키며, 아름다운 야경을 만들어 냈다. 사진으로 담아내기에도 충분히 아름다웠고, 이 순간은 마치 천국에 있는 듯한 기분이다. 이 아름다운 순간을 주변의 모든 사람들이 함께 나누었으면 좋겠다는 생각이 들었다. 머리 위로는 초승달이 떠올랐다. 육지가 아닌 바다 위라서 사진 찍기에는 어려움이 있지만, 그저 바라보는 것만으로도 충분히 아름다운 밤이었다.

오늘의 항해 일지는 여기까지. 에스 트렌크 해변에서 평화로운 순간을 마음에 담으며, 내일 또 다른 항해를 기대해 본다.

칼리아리 → 마요르카

2018.09.14. 마요르카 입항

마요르카 Mallorca
에스파냐령 발레아레스 제도에서 가장 큰 섬으로, 중심 도시는 '팔마 데 마요르카'

오전 10시 출항, 오후 3시에 마요르카섬의 중심지 마요르카 마리나Marina Port de Mallorca에 도착했다. 주유를 위해 게스트 선석으로 접근했으나, 모든 선석이 만석이었다. 주유소에는 요트들이 줄을 지어 대기 중이었고, 다른 마리나를 찾기 위해 배를 돌렸다.

다른 마리나에도 입항을 시도했으나, 빈 선석이 없었다. 이후 현지 주민이 알려준 요트 클럽에 도착했지만, 이곳에서는 수심이 낮아 갯벌에 좌초될 뻔했다. 애써 생활수를 퍼내고 겨우 탈출했다.

항해는 도전과 즐거움의 연속이다. 마리나를 찾기 위해 이동하고 또 이동하는 동안, 마요르카섬의 아름다운 해안선을 탐험할 수 있었다. 특히 칼라 피 타워Torre de Cala Pi 절벽 주변의 협곡은 절경을 자랑했다.

드디어 오후 7시 30분, 마지막으로 찾아간 엘 아레날 마리나 항해

해안선을 따라 이동하며 감상하는 협곡의 절경

곳곳마다 절벽의 색깔이 달라 감탄을 자아낸다.

클럽Club Nautic El Arenal에서 운 좋게도 자리를 잡을 수 있었다. 입항할 때는 하늘에 선명한 무지개가 떠올라, 마치 우리의 도착을 축하해 주는 것 같았다.

마요르카

2018.09.15. - 09.17. 기항지에서의 시간

9월 15일

오늘은 팔마의 명소 중 하나인 팔마 아쿠아리움Palma Aquarium을 방문했다. 30년 넘게 스쿠버 다이빙을 해오면서 세계 각국에서 본 다양한 물고기들이 한 곳에 모여 있는 것을 보는 것은 정말 놀라운 경험이었다. 이곳에는 바닷물고기뿐만 아니라, 민물고기와 열대우림 공원까지 조성되어 있어 매우 인상적이었다.

저녁 무렵, 마리나를 한 바퀴 산책하며 사진 촬영을 했다. 코코넛 나무와 요트들이 어우러져 물에 비친 반영이 아름다웠다. 마리나 밖에는 마요르카의 최고 휴양지답게 양쪽 길가에 상가들이 늘어서 있다. 물놀이용품을 파는 가게와 맛집, 기념품 가게들이 즐비했다. 해변에는 연인들이 산책을 하고, 피서객들이 인산인해를 이루며 해수욕을 즐기고 있다.

길가에서 진분홍색 분꽃을 발견했다. 어린 시절, 씨앗을 빻아 얼굴에 바르며 소꿉놀이를 하던 기억이 떠올라 아련한 기분이 들었다. 여기에는 분꽃, 나팔꽃, 인동초꽃도 있어 어린 시절 추억이 생각나게 했다.

9월 17일

고 안익태 선생님 기념관을 방문했다. 기념관은 멀리 바다가 보이는 주택가 언덕 위의 이층집이다. 이 집은 1990년 팔릴 위기에 처하자 스페인 라스팔마스의 교포 기업 회장이 매입해 수리한 뒤 한국 정부에 기증한 덕분에 기념관으로 남았단다. 선생의 막내 따님이신 레오노르안 씨가 반갑게 맞아주셨다. 레오노르안 씨는 안익태 선생의 앨범 등 유품을 보여주시며 내게 수차례 한국을 사랑한다고 말했고 나한테 언니라고 불러달라고 했다. 너무 고맙고 마음이 아려왔다. 나는 태극선 부채를 선물해 함께 기념사진을 찍었다.

마요르카 → 이비자

2018.09.18. 마요르카 출항

마리나 앞 볼보 숍에서 노르웨이 요트 메이커 H 흰색 모자를 하나 골랐다. 쓰고 거울을 보니 모자와 이빨만 하얗다. 여자 직원이 웃으며 "Beautiful"이라고 말한다. 그 말이 듣기 좋아 결국 모자를 구입했다.

오후 1시 출항 중 옆 요트의 앙카줄에 걸렸다. 선주가 나와서 방향 지시를 해주었으나 양쪽이 다 걸려서 도저히 빠져나갈 수가 없게 되자 마리나 사무실에 전화 후 직원이 고무보트로 당겨줘서 빠듯하게 빠져나왔다. 지중해는 조수 간만의 차가 없어서 어딜 가나 대부분 폰툰이 없고 계류 시 요트가 다닥다닥 서로 붙어 있어 옆 요트들을 손으로 밀고 들어가고 나오고 해야 한다. 웬만한 실력으로는 입항하기도 힘들다. 항해가 익숙한 나 역시도 입항과 출항은 언제나 가장 긴장되는 순간이다.

이비자 섬에서의 그림 같은 밤

마요르카 → 이비자

2018.09.19. 이비자 입항

이비자 Ibiza
발레아레스제도에 속해 있는 섬, 마요르카섬의 서남방

이비자Ibiza섬에서의 아침은 마치 영화의 한 장면처럼 시작되었다. 새벽에 도착해 마리나 밖에서 대기하고 있다가, 날이 밝아지자마자 천천히 입항을 시작했다. 입구에서는 이미 거대한 크루즈선들이 자리 잡고 있었는데, 그 규모가 정말 압도적이었다.

이곳 마리나 이비자Marina Ibza에는 초호화판 요트와 보트들이 즐비하다. 과연 젊은이들의 천국이라 불릴 만하다. 입항 후 대충 청소를 해놓고 마리나 관광에 나가보기로 한다. 가는 곳마다 입이 딱 벌어진다. 이렇게 커다란 요트들이 다 어디서 왔을까 하고 국기를 보니 최고급 요트들은 대부분 영국 국적이고, 개수가 많은 것은 스페인 요트들이다. 비교하기는 그렇지만 우리 요트도 46피트로 봐줄 만한데 이곳에 오니 초라하기 짝이 없다. 작은 파워 보트들도 수백 척이 수중과 육상

이비자에서의 낭만적인 밤

에 계류되고 심지어 3층 좌대에 칸칸이 선반을 만들어 슈퍼마켓 물건 진열해 놓듯 했다.

저녁을 먹을 겸 카푸치노 마리나 이비자Cappuccino Marina Ibiza에 방문했다. 바닷가 전망이 좋은 곳에 위치한 이 레스토랑의 테이블에 앉아 화이트 와인 한 잔과 안주로 브리 치즈를 시켰다. 잘 차려입고 나온 옆 요티 손님들은 마치 유럽 최고의 멋쟁이들처럼 보였다. 나의 모습과 대조적이지만 별 의식하지 않는다. 나는 항해 중이니까.

해가 서서히 지면서, 건너편 달라 빌라Dalt Vila의 야경이 펼쳐졌다. 하얀 집들이 계단식으로 배열된 모습은 마치 산토리니를 보는 듯한 아름다움을 자아냈다. 이곳에서의 경험은 진정으로 이비자의 매력을 한눈에 느낄 수 있는 시간이었다.

이비자

2018.09.20. - 09.21. 기항지에서의 시간

이비자는 스페인의 아름다운 섬으로, 그 풍경과 역사적인 유적지가 여행자들을 매료시키는 곳이다. 특히 이비자성Castell d'Eivissa에서의 전경은 평생 잊을 수 없을 것 같다. 성곽에 도착하면, 전경이 펼쳐져 크루즈선과 포르멘테라섬으로 향하는 여객선들이 부지런히 움직이는 모습을 볼 수 있다. 여기서 바라보는 지중해와 항구의 모습은 한 폭의 그림 같다.

스페인 하면 떠오르는 음식 파에야와 함께 샹그리아 한 잔을 즐기고 나서, 항해 중 처음으로 카지노에 갔다. 100유로를 가지고 입장했지만, 30분 만에 모두 잃고 말았다.

9월 21일

오늘도 어김없이 마리나 한 바퀴 출사를 한다. 최고급 요트들의 향연이다. 젊은이들의 성지이자 천국답게 배우같이 잘 생기고 예쁜 젊은 청춘 남녀들이 수영복 차림에 와인을 한 잔씩 마시는 파워 요트도 있고, 신나는 팝송에 괴성을 지르면서 노래를 부르며 보트를 타고 먼 바다로 가는 요트들도 있다. 젊음을 한껏 보여주고 있다.

저녁에는 한국의 TV 프로그램에서 본 하드록 호텔 이비자의 무도회가 궁금해 택시를 타고 방문했다. 많은 사람들이 줄을 서 있었고, 보안요원이 소지품을 검사 휴대폰은 허용되지만 카메라는 금지되어 있어 호텔 락커룸에 맡기고 입장했다. 입장료는 5유로로 저렴했고, 입장 시 종이 팔찌를 받았다.

호텔 내부에서는 굉음과 함께 수천 명의 사람들이 맥주, 와인, 칵테일을 들고 춤추며 즐기고 있었다. 정신없는 무도회에서 벗어나 호텔 꼭대기 라운지로 이동해 음료를 마시며 아래를 내려다봤다. 불빛 아래 흐느적거리는 사람들, 하늘에서 내리는 인공 비를 맞으며 열광적으로 춤을 춘다. 함성이 천둥소리처럼 요란하다.

마지막으로 마리나로 돌아와 마리나 클럽을 방문해 보려고 했지만, 정장 차림이 아니어서 입장이 거부되었다. 대신 마리나 카페에서 야경을 감상하며 와인 한 잔을 마시며 이비자 마리나에서의 마지막 밤을 마무리했다.

이비자는 단순한 관광지가 아니라, 다양한 경험과 이야기를 만들어 주는 곳이다. 이곳에서의 하루는 마치 한 편의 영화처럼, 잊지 못할 순간들이었다.

이비자 → 카르타헤나

2018.09.22. 이비자 출항

아침 일찍, 언제 다시 올지 모르는 기회를 놓치지 않기 위해 카메라 가방을 메고 이비자 성으로 향했다. 걸어서 30분 거리 성에 도착해 일출을 찍고, 이비자 전경과 골목골목을 카메라에 담았다.

마리나 사무실에서 출항 신고를 마치고 직원들과 작별 인사를 했다. 오전 11시 20분, 마리나 이비자 출항.

이비자 → 카르타헤나

2018.09.23. 항해 중

지난밤, 아름다운 플라야 데 욘달Platja des Jondal 해변에서 1박을 묘박하며 보내고 새벽 2시 20분에 출항했다. 목적지인 스페인 카르타헤나까지 거리는 약 140해리. 풍속 5~7노트의 순풍을 받으며 선속 10~15노트로 순조롭게 항해가 시작되었다.

저녁을 먹고 하몽과 치즈를 안주 삼아 와인 한 잔을 마시며, 지중해에서 두 번째로 보는 아름다운 오메가 해넘이를 감상했다. 바다에서 보는 해넘이와 해돋이는 언제나 신비롭고 아름답다.

내일은 추석이다. 둥근 보름달이 떠올라 해넘이와 함께 지중해를 대낮처럼 환하게 비추고 있다.

언제 다시 이곳으로 와 고마움을 전할까

이비자 → 카르타헤나

2018.09.24. 카르타헤나 입항

카르타헤나 Cartagena
스페인 동남부 지중해 연안에 있는 해군기지 도시

바람이 없어 기주 항해. 풍속 6~10노트, 선속 3~4노트.

오늘은 추석날이다. 저녁 7시에 낚싯대를 설치한 지 30분 만에 살이 통통 오른 참치 한 마리를 잡았다. 팔딱팔딱 뛰는 참치를 손질 후, 이탈리아 오트란토에서 그리스인 요티 아주머니가 가르쳐준 요리법도 따라해 봤다. 칼라만시즙에 소금만 더하는 간단한 소스다. 이 소스에 한국식 참기름과 조미김까지 곁들여 먹으니 색다른 맛이다. 오랜만에 항해 중에 신선한 참치를 먹으니 참치에게는 미안하지만 씹는 식감이 달달하고 참 맛있다.

오후 1시에는 스페인 카르타헤나에 입항했다. 지중해 마리나는 어딜 가나 똑같이 깔끔하고 직원들이 친절하다. 이곳 푸에르토 요트 카르타헤나Puerto Yacht Cartagena도 그렇다. 입항하자 직원들이 달려와 계류줄을 잡아주고 친절하게 맞아준다. 추석날 저녁, 수많은 요트 돛대 사이로의 해넘이는 장관이다.

이곳은 기원전 230년경에 하스드루발Hasdrubal이 세운 도시라고 한다. 운 좋게 매해 열리는 카르타헤나 스페인, 카르타고 및 로마 축제Cartagena Spain, Carthaginians and Romans Festival 2018를 관람했다. 특히 구시가지에서의 시가 행렬은 대단하다. 수백 명이 다양한 옛 로마인 복장으로 무기까지 지참한다. 잔치에는 술이 빠지지 않듯 한국에 막걸리가 있다면 이곳은 와인을 준비해서 옛 카르타고 한니발 군사와 로마 군사들이 관광객들에게 한 잔씩 나눠 준다.

길거리에 아시아계 사람들은 없다. 지나가는 카르타고와 로마군 병사들이 나를 보더니 내가 신기한 듯 같이 사진을 찍자고 요청한다. 긴 칼을 들고 서로 찌르는 모습으로 한 컷. 병사들이 가까이서 보니 더 멋있다. 옆에서 보고 있던 로마 복장의 여전사들도 내게 달려와서 사진을 찍자고 한다. 이런 호사가 어디 있는가?

콘셉시온 성 박물관Concepcion Castle Museum성곽에서 바라본 항구와 마리나는 장관이다. 너무 아름답다. 카르타헤나에서의 추석은 특별한 추억이 될 것 같다.

카르타헤나

2018.09.25. - 09.27. 기항지에서의 시간

마리나에서 아침 일찍 일어나서 밖을 보고 깜짝 놀랐다. 아파트 3~5동을 합친 것 같은 엄청 큰 크루즈선 2척이 양쪽으로 항구를 다 막아버린 느낌이다. 그 앞에 있는 마리나 요트들은 장난감 종이배 형상이다. 크루즈선 국기를 보니 프랑스와 영국 국기다.

카메라 장비를 들고 가까이 가서 보니 승객들은 보호자를 대동했고 거의 90% 이상이 노인들이다. 휠체어 타고 내리신 분들은 물론 간이 침대에 누워서 내리신 분들도 있다. 아프다고 집이나 병원, 시설 등에 있는 것 보다 이렇게 관광을 하면 좋을 것 같다.

한국에 떠다니는 크루즈 요양병원이 생겼으면 좋겠다.

새벽 출사 동네 한 바퀴 후 오전에는 출항 준비를 했다. 마리나에서 걸어서 10분 거리에 있는 까르푸 쇼핑센터에서 식재료 구입. 식수가 많아 돌아올 때는 택시로 이동해야 했다. 시장 볼 때마다 식수가 제일 많은 부피를 차지한다. 다음 항해 시에는 꼭 워터 메이커를 설치해야겠다.

카르타헤나 → 말라가

2018.09.28. 카르타헤나 출항

엊그제 들어왔던 집채만 한 크루즈 배들은 간곳없고 마리나에는 정박해 있는 요트들만 가지런히 또 하루의 일상을 지키고 있다. 다음 기항지인 말라가로 순풍에 돛 달리기를 한다.

바람 참 좋다.

카르타헤나 → 말라가

2018.09.29. 항해 중

저게 뭐지? 눈이 왔나? 저 멀리 온통 흰색인 땅이 있다. 호기심에 항로를 바꿔 쫓아가 봤더니 스페인 알메리아의 비닐하우스 단지로, 인공위성에서 찍은 사진에서도 쉽게 확인될 정도로 규모가 크단다. 스페인 남부 안달루시아 지방의 알메리아Almeria는 원래 사막지대였으나 지금은 유럽 최대의 하우스단지 경작지로 거듭났다고 한다. 이 지역의 특유의 풍경과 광활한 비닐하우스 단지는 독특한 매력을 지니고 있어 관광지로도 유명하단다.

무풍에 해넘이가 너무 아름답다. 천국이 따로 없다. 오메가까지 촬영에 성공했다. 이런 날에는 왠지 기분이 좋다가도 한국에 있는 가족들이 생각난다.

새벽녘 날씨가 좋아서인지 별이 초롱초롱 빛난다.

카르타헤나 → 말라가

2018.09.30. 말라가 입항

말라가 Malaga
유럽 최남단의 대도시, 지중해 북쪽 해안의 '태양의 해변'에 자리

피카소의 고향인 말라가.

아름다운 말라게타 해변Playa de la Malagueta에 6시 30분 입항 후, 해수욕장을 빙글빙글 몇 바퀴 돌면서 날이 밝기만을 기다리다가 IGY 말라가 마리나IGY Malaga Marina에 9시 입항했다.

마리나에서 걸어서 20~30분 거리에 있는 히브랄파로 성Castillo de Gibralfaro에 올랐다. 가는 길이 바위와 돌계단에 미로처럼 생겨서 이정표를 잘 보고 올라가야 한다. 성곽은 어딜 가나 항구를 바라보고 있다. 항구의 침입자를 의식한 듯하다.

저녁 식사와 야경 관광 겸 AC 호텔 바이 메리어트 말라가 팔라시오AC Hotel by Marriott Malaga Palacio 맨 꼭대기 15층 테라스에 있는 바와 레스토랑인 아티코Atico를 찾았다. 멋진 옥상 야경이 장엄하고 극찬할 정도로 아름답다. 파스타와 와인 한 잔을 시켜 먹는 즐거움보다 야경 보는 즐거움이 더 크다.

말라가

2018.10.01. - 10.04. 기항지에서의 시간

아침식사 후 말라가의 관광을 위해 투어버스를 예약하기로 한다. 정해진 투어 티켓과 버스 노선까지 함께 연결이 되니 참 편리하지 않을 수 없다. 피카소 재단이 운영하는 피카소 미술관은 그의 생가터에 위치해 있기도 하다.

자신이 나고 자란 말라가의 푸르른 바다와 눈부신 태양의 영향을 받은 것일까, 피카소는 각 작품의 분위기에 맞게 우울하거나 활기찬 파란색을 자유자재로 사용한 듯하다. 피카소의 생애 마지막 20년 동안의 작품과 200장이 넘는 사진과 함께 흥미진진한 전시회 관람 후, 밖으로 나와 입구 공원에 설치되어 있는 피카소 동상과 함께 사진을 찍는다.

저녁에는 플라멩코 공연을 보며 식사할 수 있는 레스토랑을 방문

했다. 간단한 안내문을 확인해 보니 플라멩코는 15세기 인도 북부에서 안달루시아로 건너와 혼혈이라는 이유로 박해를 받은 집시들이 자유와 희망에 대한 의지를 노래와 춤으로 표현한 것이라고 한다. 그들의 바람이 성취가 되었을까? 춤을 추는 동안 때로는 환하게 웃고 때로는 진지한 표정을 짓는 무용수들을 보고 있자니, 그들의 옛 전통 춤사위가 현재까지 사랑받으며 하나의 장르로 자리 잡은 모습이 참 멋지다는 생각이 든다. 갑작스러운 정전으로 인한 비상용 전등 아래에서도 그들의 퍼포먼스는 여전히 화려하게 빛나고 있다.

다음 날, 말라가에서 가장 큰 시장인 메르카도 센트럴 아타라사나스Mercado Central de Atarazanas를 방문했다. 이 시장은 바르셀로나의 보켈리아 시장보다는 작지만 과일과 해산물의 천국이다. 특히 즉석에서 꼬치구이와 생선구이를 하는 모습이 인상적이었다. 눈에 띈 상품으로는 씨가 없는 대봉시 단감, 홍시, 용과, 망고, 황도 복숭아, 체리, 청귤 등이 있었다.

그리고 뜻밖의 발견. 이곳에서 이탈리아 판텔레리아 와이너리에서 맛보았던 줄기 건포도를 발견했다. 이탈리아에서 구하려고 했지만 찾지 못했던 그 건포도를 말라가의 전통시장에서 만나다니, 놀라웠다. 건포도를 파는 젊은 상인이 어디에서 왔는지 물었고, 한국에서 왔다고 하자 한국을 좋아한다고 말하며 저울에 달지도 않고 넉넉하게 담아주었다. 건포도 1kg은 15유로였다. 또, 즉석에서 짜주는 달달한 사탕수수 음료 한 잔도 마셔 기분 전환이 되었다.

10월 3일

아침 일찍 일어나 운동 삼아 말라게타 해변Playa de la Malagueta을 돌았다. 백사장 길가에 줄지어 늘어서 있는 열대 소나무 위, 수백 마리는 되어 보이는 녹색 털에 노란색과 빨간색 부리의 앵무새들이 노래를 부른다. 백사장에는 강아지를 데리고 산책 겸 운동하는 사람들이 많다. 해수욕장 맨 끝에 모래성으로 쌓아 굳힌 말라게타Malagueta라는 글씨가 인상 깊다.

돌아오는 길에는 어제 이곳 말라가항에 입항한 스웨덴 해군 HMS Falken이라는 이름의 범선을 구경 갔다. 1946년산으로 배기량 220톤, 전장 39.30m, 선폭 7.20m란다. 벵트Bengt라는 해군복 입은 젊은 친구의 안내로 내부를 들어가 보니 아주 오래된 범선치고는 깔끔하게 정리가 되어 있다. 이렇게 오래된 유럽 범선 내부는 처음 본다.

말라가 → 지브롤터

2018.10.05. 말라가 출항

오후 1시, 말라가를 뒤로 하고 스페인 지브롤터로 향한다.

말라가 → 지브롤터

2018.10.06. 지브롤터 입항

지브롤터 Gibraltar
에스파냐 이베리아 반도 남단에서 지브롤터 해협을 향해 남북으로 뻗어 있는 반도

지브롤터Gibraltar에는 스페인령과 영국령이 있다. 지브롤터 입항 2해리 전, 같은 하늘 아래인데 영국령은 먹구름에 어둡고 스페인령은 맑은 하늘이다. 참 신기하다. 지브롤터의 바위산Rock of Gibraltar에 가려서 그

지브롤터의 두 하늘

런가 보다.

스페인 지브롤터 알카이데사 마리나Alcaidesa Marina 앞에 오전 7시 입항 후 대기했다가 선석을 확보했다. 마리나 계류비는 생각보다 값이 싸다. 하루 22유로. 사무실도 이제 새로 신축했는지 2층 건물에 깔끔하고 좋다. 시설은 정비소부터 주유소, 카페 등 깔끔하고 편의시설이 잘 되어 있다. 말라가에서 지브롤터는 가까워서 항해 후 요트 내부 정리할 것이 별로 없다. 대충 정리 후 마리나 한 바퀴 돌아보니 대형 주차장 옆에는 캠핑카들이 주차되어 있다. 차만 있고 사람들은 관광을 갔는지 없다.

지브롤터

2018.10.07. - 10.16. 기항지에서의 시간

마리나에서 걸어서 10분 거리에 스페인령 지브롤터와 영국령 지브롤터 국경선이 있다. 톨게이트를 지나 스페인령 출입국사무실에서 출국 여권 확인 후 바로 걸어서 20보. 영국령 출입국에서 소지품 검사 후 입국 신고 도장 받고 비행기 이륙시간 제외 활주로를 건너면 바로 영국령이다. 자동차나 사람이나 다 같이 건넌다.

길거리 여기저기 빨간 우체통과 사각 공중 전화박스를 보니 이곳이 영국령이라는 것에 실감난다. 돌아오는 길 공항 활주로 옆에 있는 영국령 에로스키 센터Eroski Center 마트에서 가공된 귀리를 몇 봉지 샀다.

밤이 되자 지브롤터의 두 나라, 스페인령 마리나 마스트 불빛들과 영국령 바위산Rock of Gibraltar의 불빛이 조화롭고 그림처럼 아름답고 환상이다.

10월 9일

지브롤터 바위산Rock of Gibraltar 비탈길 산 중턱에 올라가자 바바리 원숭이들의 지상 낙원이다. 펄쩍 뛰어서 관광객들에게 안긴다. 오하라의 배터리O'Hara's Battery에서 안아달라 업어달라는 원숭이들이 내 머리 꼭대기까지 기어 올라온다. 처음 보는 광경에 내 눈에는 귀엽고 예쁘다.

10월 12일

지브롤터에서 스페인 남부 내륙 지방 관광도 할 겸 이번에는 투우의 본산 론다Ronda로 떠난다. 아침부터 부지런히 서둘러 걸어서 10분 거리에 있는 터미널로 향했다. 알헤시라스Algeciras 가는 버스를 타고 약 5시간에 걸쳐 론다에 도착했다.

론다로 가는 길은 산악지대가 많다. 산 넘고 강 건너가는 길 시골 기찻길의 경치가 참 멋있다. 론다역 근처는 한산하다. 론다 투우장과 론다의 랜드마크인 누에보다리가 이곳에서 걸어서 10분 거리에 있었다. 토로스 데 론다 광장Toros de Ronda Plaza에 전시된 투우 관련 전시품과 사진들을 관람했다. 광장 앞에는 역대 최고의 유명한 투우사들과 소의 동상이 있고 음식점마다 지난 투우 경기 장면 영상이 TV 모니터에서 재방영되고 있다.

10월 13일

오늘은 버스를 타고 세비아Secilla로 갔다. 가는 길 끝없이 펼쳐진 올리브 농장, 염전, 늪지대의 새들, 각종 농작물, 농장의 소와 말 떼들이 보인다. 한참을 가다가 이곳에는 하얀 눈이 왔나? 하고 가까이 보니 목화밭이다. 목화를 수확하는 장비들이 대단위로 파노라마 영화를 보는 듯했다. 이렇게 아름다운 곳에서 사는 사람들은 얼마나 행복할까?

지브롤터 마리나와 바위산

세비야 대성당에는 크리스토퍼 콜럼버스의 묘Tomb of Christopher Columbus가 있다. 콜럼버스는 스페인 이사벨 여왕의 후원으로 신대륙을 발견하여 세비야를 한때 '황금의 도시'로 만들었지만, 이사벨 여왕의 사후에 가지고 있던 지위와 재산을 몰수당한 채 스페인을 떠나면서 '죽어도 스페인 땅을 밟지 않겠다'라는 말을 남겼다고 한다. 그래서 그의 유해는 결국 신대륙인 쿠바 땅에 묻혔다가 1898년 스페인령 쿠바가 독립하자 스페인 정부가 그의 유해를 스페인으로 모시고 왔다. 콜럼버스의 유언대로 유해가 땅에 닿지 않도록 공중에 안치하기로 하고, 그 당시 스페인 지방을 다스리던 네 나라인 카스티야, 레온, 아라곤, 나바라의 왕들이 콜럼버스의 관을 받치고 있는 것처럼 만들어서 오늘날 세비야 대성당의 명소 중의 하나가 되었다고 한다.

내가 본 콜럼버스는 신대륙 발견자가 아니다. 현지에 이미 원주민들이 살고 있었기 때문이다. 콜럼버스는 원주민들에게 공납貢納*과 금 채굴을 명령했고, 금의 산출량이 보잘것없어지자 그들을 학대하고 노예화하였다.

그러나 현재 항해를 하고 있고 대서양 횡단을 눈앞에 둔 나로서는 대선배인 그의 무덤 앞에서 공손히 두 손이 모아졌다. 안전 항해를 하게 해달라고 속으로 빌 수밖에 없었다. 나의 양면성을 보여주는 것 같아 참 민망했다.

10월 14일

무풍에 마리나 돛단배와 지브롤터의 바위Rock of Gibraltar가 비친 해돋이 반영이 아름답다. 역사적으로 많은 아픔이 있다는 편견으로 바라봐서인지, 검은 바위산이라서 그런지, 볼 때마다 슬픔을 안고 있는 듯하다.

10월 15일

지브롤터 알카이데사 마리나에서 9박 10일 동안 즐겁게 지내고, 오전 11시 30분 출항했다. 이제부터는 지중해 끝 대서양 시작이라 기대했으나, 조류가 심해 출항 후 곧바로 좌측으로 붙어서 항해해야 했다. 결국 강풍으로 출항 7시간 만에 피항 결정을 내렸다. 모로코 달리아 비치Dalia Beach에 인접해 가는데 동네 사람들이 핸드 마이크를 들고 손사래를 치며 위험하다고 나가라고 소리친다. 미리 알려 주셔서 고마운 분들이다. 다시 되돌아서 풍속 23~31노트의 거센 폭풍우 속 20해리를 전진해 다시 지브롤터 알카이데사 마리나 앞에 가서 묘박을 했다. 내 모습을 보니 비 맞은 생쥐 꼴이다.

---

*그 지방에서 나는 토산물을 바치는 일. 당시 원주민들은 옥수수와 면화를 세금으로 바쳐야 했다.

10월 16일

아침에 일어나서 보니 폭풍우는 지나가고 언제 그랬냐는 듯이 하늘은 맑고 쾌청하다.

닻도 잘 내려져 있고 특별히 뭔가 문제가 생긴 곳은 없다. 파란 하늘에 태극기가 예쁘게 펄럭이고 있다. 어젯밤 거센 폭풍우는 도깨비한테 홀린 듯하다. 지브롤터 해협은 반경 14km 좁은 길을 따라 지중해에서 대서양으로 흐르는 해류다. 빠르고 바람도 세다. 내일은 단단히 준비를 하고 출항해야겠다.

지브롤터 → 모하메디아

2018.10.17. 지브롤터 출항

엊그제 출항했다가 태풍급 강풍으로 후퇴.

오늘은 날씨가 좋아서인지 마리나에 대기 중인 요트 중 12척이 한꺼번에 출항 후 반은 오른쪽 포르투갈로 항해를 하고 반은 모로코로 항해를 한다.

나도 아침 7시 재출항이다. 가자! 모로코 카사블랑카로!

비 온 뒤 해돋이가 청명하고 아름답다. 바람은 없다. 조류만 없다면 양쪽에 육지가 보이니 한강에서 항해를 하는 기분이다.

눈앞에 보이는 아프리카 육지 모로코와 스페인 등대만 빠져나가면 지브롤터 해협 지중해 끝과 대서양 항해 시작이다.

대서양은 엊그제 강풍의 영향인지 몰라도 파도도 높고 바람이 거칠다. 오후 내내 풍속 15~28노트, 선속 3~6노트. 들쑥날쑥 정신이 없다.

요트도 바람 변동으로 정신을 못 차리는 듯하다.

지브롤터 → 모하메디아

2018.10.18. - 10.20. 항해 중

*케니트라 세보우강 입구로 피항

엄지손톱만 한 우박에 폭풍우가 쏟아진다. 풍속 30~ 47노트. 12시부터 새벽 4시까지 견시. 한국의 초가을 날씨와도 같아 긴팔 옷을 꺼내 입었다. 4시부터 비바람에 돌풍 30노트 이상을 유지한다. 아침 8시부터 바람이 매우 심하다. 그래도 앞바람이 아니어서 다행이다. 10시 40분 갑자기 어두운 잿빛의 구름이 몰려오더니 비바람에 소나기와 얼음 큐브 같은 우박이 떨어진다. 순간 풍속 최고 47노트이고 이 시간 목적지까지는 72해리 남았다. 강한 비바람에 돌풍이 계속 불어댄다.

모로코로 피항하기로 결정하고 해도를 보니 케니트라 세보우강 Kenitra Sebou River 피항지까지는 20해리 거리다. 라디오 16번 채널로 모로코 해양경찰에 피항 사실을 알렸더니 채널을 12번으로 바꾸라고 하면서 안내를 해준다. 들어가는 입구 방파제가 파도에 부딪혀 보이지 않는다. 무섭게 파도가 내리치고 방파제 입구가 풍속 21~ 26노트다. 여기서 500m 정도 위로 더 올라가 육지로 부는 바람을 이용하여 천천히 항해 항구로 들어서 1차 묘박을 한다.

10월 19일

물 빠짐이 엄청나 새벽에 일어나 보니 작은 어선들이 비스듬하게 누워 있고 요트가 묶여 있는 부위와 정박용 줄 바닥이 다 보인다. 어

떤 배는 아예 백사장에 올라앉았다. 빗속에 해경은 물론 검역소, 세관, 출입국 관리사무소 직원 등 입항 절차에 필요한 관계 직원들과 어업에 종사하는 동네 사람들까지 다 나를 도와주었고 안전하게 입항 신고까지 마쳤다. 특히 해경과 어선 선장님들이 정말 고마웠다. 이분들이 말하기를 내일도 바람이 많이 불어 항해하기 힘드니 여기서 쉬고 모래나 떠나라고 한다. 이곳 케니트라에서 입항 절차를 밟았으니 다음 기항지 모하메디아에서는 입항 절차 없이 입항 신고만 하면 된다고 한다. 친절하고 너무 고마운 분들이다. 모로코 국기를 준비하지 않아 국기 살 곳을 문의했더니 선물로 준다. 국기값은 사양한다.

항해 중 펀칭으로 바닷물을 뒤집어써서 요트 내 샤워장에서 따뜻한 물로 샤워하고 나니 날아갈 것 같다. 생과 사를 넘나들다 온 느낌이다. 일몰 후 밤이 되자 여기저기서 시끌벅적 어부들이 조업 나가는 소리와 통통배 지나가는 소리가 들려온다. 힘든 삶 속에 웃음을 잃지 않고 사는 사람들, 남에게 친절은 베풀고 보답은 받기 싫어하고, 항상 웃으면서 인사하고 열심히 사는 사람들.

새벽 1시, 엔진 소리 요란하여 나가 볼까 하는데 갑자기 누군가 긴급하게 창문을 두드린다. 나가보니 해상 사고로 인해 해경선이 긴급 출동하게 되어 배를 뺀다고 한다. 정박용 줄을 풀어주고 안전장치 벽타이어 있는 곳에 요트를 계류시키는데 균형이 맞지 않아 다시 관공서 배 옆에 밀착하여 계류시켰다. 이번에도 어선에 종사하는 사람들 15여 명이 어린아이까지 다 나와서 도와주었다. 해경선은 1시간 뒤에 다시 입항하면서 원 상태로 계류시켜 준다고 한다.

10월 20일

해경이 만조 시간인 오전에 출항하라고 요청했다. 고마운 마음에 마을 사람들 보는 사람마다 인사를 하고 오전 10시 10분에 출항 준비를 한다. 언제 다시 이곳에 와서 그 고마움을 전하고 나도 무언가 도움이 되어줄까? 잠시 생각한다.

1시간가량 세보우강을 빠져나오니 통나무 전통 배로 고기 잡는 어부들이 잘 가라면서 손을 흔든다. 나도 그들이 안 보일 때까지 손을 흔들었다. 그들의 안전과 행복을 위해 나는 하나님께 기도했다.

요트는 엊그제와 달리 순풍에 돛 달리기다. 풍속 15노트에 선속 4.5노트.

이틀 전 어찌나 놀라고 힘들었던지 오늘은 바다가 무섭게 느껴진다. 요트 항해는 우리네 삶과 비슷한 것 같다. 바람 불고 힘든 날이 뒤에는 즐거움이 있고, 서로 돕고.

모하메디아를 21해리 남겨두고 수백 마리의 돌고래 떼가 출현했다. 여기저기서 뛰고 춤을 춘다. 동영상을 어떻게 찍어야 좋을지 정신이 하나도 없다. 엊그제 태풍으로 힘들었던 시간을 한순간에 날려주는 듯하다.

늦은 밤 11시, 모로코의 모하메디아 마리나 근처 해수욕장 앞에 묘박을 하고 대기 중이다. 내일 오전에 마리나로 입항한다. 모든 게 감사한 하루다. 케니트라 세보우 강가의 주민들과 공무원들에게 다시 한번 감사 인사드린다. 평생 잊지 못할 추억이다.

사하라 사막 모래언덕에 남긴 발자국

지브롤터 → 모하메디아

2018.10.21. 모하메디아 입항

모하메디아 Mohamedia
에모로코 대카사블랑카 지방과 대서양 동안에 위치한 도시

해양 경찰이 고무보트를 이용해 요트가 있는 해수욕장의 묘박지로 와 마리나까지 안내해 준다. 계류비는 하루 60유로, 개인이 운영하는 곳이다. 주인은 친절하게 세탁실, 샤워장, 휴게실 등 마리나의 여러 시설을 설명해 주었다. 모하메디아 요트클럽Yacht Club de Mohammedia. 이곳은 조수간만의 차가 크고 바람이 많이 부는 곳이다.

모하메디아

2018.10.22. - 11.01. 기항지에서의 시간

10월 24일

오늘은 집 나온 지 100일째 되는 날이다. 그리고 바랐던 사하라 사막에 가는 날이다.

새벽 6시에 일어나 호텔 조식으로 빵과 우유를 먹고 잠시 대기했다. 마라케시 여행사에서 약속한 오전 7시에 모여, 사하라 사막으로 다함께 출발한다. 미니밴에 운전사를 포함하면 다국적 일행이 총 6명이다.

사막 가는 길은 비포장도로에 흙먼지가 날리고 자동차는 덜컹거리고 조금은 불편하지만 사하라 사막을 간다는 설렘에 불편함도 잊었다. 차 안에서 보이는 검붉은 아틀라스산맥은 웅장하나 나무 한 그루 없다. 습도가 있을 법한 골짜기에는 그나마 작은 선인장들이 모여 있다. 가끔 낙타들이 풀을 뜯는 모습이 보이나 저 작은 가시덤불을 먹고 살 수가 있을지 의심스럽다.

휴게소에 잠시 들렀는데 담장에 담쟁이넝쿨이 빨갛게 물들어 있다. 한국의 가을 정취가 느껴진다. 집 나온 지 100일째라 그런지 집 생각이 많이 난다. 가족들과는 기항지 입항 후 SNS로 영상 통화를 하곤 하지만 오늘은 왠지 더 보고 싶다.

10월 25일

마라케시에서 사하라 사막 가는 길에 아이트 벤하두Ait Benhaddou 요새에 도착했다. 자동차에서 내리자 운전사가 모로코 원주민 베르베르족 가이드를 소개해 준다. 그는 당나귀처럼 앞니가 튀어나와 익살스럽고 천상 가이드 표정이다. 이곳은 영화 〈왕좌의 게임〉, 〈글래디에이터〉,

〈페르시아의 왕자〉 등 다수의 영화 촬영지라고 소개한다. 그리고 다시 설명하길, 이곳 요새는 모두 붉은 흙을 점토로 압축해서 만들어 지은 토굴 미로 같은 집들이라고 한다. 안으로 들어가자 흙으로 지어서 그런지 내부는 어두웠지만 시원했다.

요새에서 제일 높은 곳인 크사르 아이트 벤하두Ksar Ait Ben Haddou에서 가이드와 함께 사진을 찍고 뒤돌아보니 어디선가 한국말이 들려온다. 한국인 여행객 부부를 우연히 만났다. 점심으로 다 같이 이트란Itrane이라는 식당에서 모로코 전통음식 고기 타진Meat tagine을 먹었다. 한국의 갈비찜처럼 깊은 맛이 있다. 모로코 음식은 뭐든 한국의 전통 음식처럼 건강식 같아 좋다.

사막 입구 메르주가에 도착하여 낙타 투어Desert Camel Tours용 낙타를 배정받았다. 어렸을 적부터 막연히 가보고 싶었던 사하라 사막. 끝없이 펼쳐진 곳에 바람이 만들어 놓은 모래톱 동산, 신비로운 해넘이와 그림자, ……. 긴 시간 요트 항해 중 힘들었던 일들을 한순간에 다 지워내는 청량제 같다. 낙타 트래킹은 승마와는 조금 다르고 엉덩이가 아팠지만 이것쯤이야? 트래킹하면서 보는 해넘이와 낙타와 나의 그림자도 멋있었다. 사하라 사막을 낙타를 타고 트래킹한다는 것만으로도 기분이 좋아 2시간은 금방 지나가고 숙소에 도착했다. 사하라 캠프 메르주가Sahara Camp Merzouga는 텐트촌으로, 움푹 패인 땅에 나무도 몇 그루 자라난 오아시스 같은 곳에 위치해 있었다.

사막이라서 그런지 방풍 재킷을 입었어도 조금 춥다. 동그랗게 모여 앉아 불 피웠다. 이곳 원주민들은 모로코 전통 악기 다라부카darbuka 리듬에 맞춰 전통적인 베르베르 음악과 맨발로 춤을 추었고, 나는 그 모습이 좋아 손뼉 치고 웃으면서 하늘의 달과 별을 바라보았다. 전통적인 베르베르 음악과 함께 하는 캠프파이어. 잊을 수 없는 저녁이다.

밤에는 홀로 조용히 사막을 걸었다. 맨발로 사막을 걸으면서 보는 별들과 은하수는 바다에서 보는 별들과 사뭇 다르다. 요트 데크 딱딱한 마룻바닥에 부딪히는 게 일상이었던 맨발이 오늘은 보드라운 모래 촉감이 너무 좋다고 싱글벙글거리는 느낌. 한참을 걷다 내일 아침 일출을 보기 위해 숙소로 들어왔다.

10월 26일

잠을 청해도 밤새 너무 추워서 꼼짝 안 하고 새우잠을 자다가 새벽 5시에 일어났다. 일어나는 순간 이불과 내 옷에서 미세한 모래가 우수수 쏟아진다. 밖에 나가서 털었어도 고운 모래는 안 털렸는지 계속 떨어져 신경이 쓰인다. 사막 모래 속에서 잠자다 일어난 기분이다.

해돋이를 보기 위해 숙소에서 한참을 걸어 가장 높은 모래언덕 정상에 올랐다. 광활하고 드넓은 사막이 펼쳐진다. 앞뒤로 빙글 돌아도 오로지 사막뿐이다. 20분쯤 지나자 해가 저 멀리서 떠오른다. 해 뜨는 곳은 알제리Algeria 국경 앞이라고 한다. 끝없이 펼쳐진 사하라 사막, 국경 앞에서 뜨는 해는 장관이었다.

정신없이 사진과 동영상을 찍고 숙소로 내려오는 길, 모래 속에 발이 푹푹 빠진다. 스키장의 슬로프 눈밭을 푹푹 빠져나오는 듯하다. 너무 신이 나서 옆에 있는 숙소 직원 원주민에게 핸드폰을 주면서 먼저 내려가 내가 내려가는 모습을 영상으로 찍어 달라고 부탁했다. 발이 빠질 때마다 신이 나서 큰소리로 와!!!를 외치면서 뛰어 내려갔다. 뒤돌아보니 모래언덕에서부터 점점이 찍힌 나의 발자국이 보인다. 곧 사라지겠지만 이곳에 나의 발자국을 남겼다는 것에 감사하다.

10월 28일

내가 사하라 사막을 여행하는 동안, 프랑스 국적 요트 4척이 이곳

모하메디아 마리나에 입항했다. 그중 프랑스 퐁텐블로Fontainebleau가 고향이라고 소개한 우나보크Unavoq호 알랭Alain 부부가 찾아 왔다. 이들은 걸어서 세계 일주, 자전거 타고 세계 일주, 지금은 집 팔고 차 팔아 요트로 세계 일주 중이란다. 구글 지도에서 검색 후 고향 집을 보여준다. 항해 끝나고 자기네들 집에 초대하고 싶어도 집이 없다며 웃는다.

10월 31일

알랭 부부의 요트에 초대받아 방문했다. 특별히 가지고 갈 것이 없어서 맥주 6병 들이 한 상자와 과자 몇 봉지, 그리고 태극선 부채를 들고 갔다. 우나보크Unavoq호는 40년이 넘은 목선이란다. 콕핏 위까지 설치되어 있는 비니미도 그렇고, 내부도 편리하고 아늑하게 잘 정리되어 있다.

부인은 내가 가자마자 우리 요트에 만들어 놓은 과일용 해먹에 관심이 많았었는지 해먹 만드는 법을 가르쳐 달라고 하면서 가는 노끈을 내민다. 뜨개용 바늘을 가져다가 가르쳐 주었더니 너무 좋아한다. 알랭 선장은 내가 가져간 맥주로 클라라 콘 리몬Clara Con Limon을 직접 만들어 준다. 맥주 1컵, 탄산수 반 컵, 레몬즙 2티스푼, 시럽 2온스. 상큼하고 색다른 맛이다.

모하메디아 → 란자로테

2018.11.02. 모하메디아 출항

기상 조건이 좋지 않아 장기간 발이 묶여 있던 요트 6척이 다 같이 아침 8시 30분 출항했다. 나 역시 13일 만에 출항이다.

먼바다를 보니 백파白波가 가끔 있고 아직 파도가 조금 남아 있어도

아들의 생일날 떠오르는 붉은 해

항해할 만하다. 이만하면 순풍에 돛 달리기다. 우나보크호의 알랭 부부는 먼저 출항 후 저 멀리서 나를 기다리고 있다.

모하메디아 → 란자로테

2018.11.03. 항해 중

하늘에 별이 많이 떴다. 항해 중 시시각각 변하는 마음. 오늘은 아름답다는 생각보다 그냥 서글퍼진다. 저 별나라에는 내가 보고 싶어 하는 사람들이 다 모여 산다.

모하메디아 → 란자로테

2018.11.04. 항해 중

아침 일찍부터 돌고래쇼가 펼쳐진다. 이리 뛰고 저리 뛰고 돌고래 수백 마리가 나타나서 요트 좌현 우현으로 왔다갔다 정신이 하나도 없다. 나도 사진과 영상을 찍으러 돌고래 따라서 좌현 우현 바삐 움직였다.

모하메디아 → 란자로테

2018.11.05. 항해 중

오늘은 사랑하는 우리 아들 생일이다. 아들 생각하면서 해돋이 사진을 찍었다. 오늘따라 구름과 구름 사이 긴 띠를 양쪽 아래로 두고 해가 예쁘게 뜬다. 선수 데크에서 해를 한참을 바라보았다. 메인세일에 비친 해가 인상 깊다. 이 해처럼 많은 사람에게 빛이 되고 귀감이 되었으면 한다.

오후 1시가 되자 약한 돌풍이 인다. 풍속 23노트. 자라 보고 놀란 가슴 솥뚜껑 보고 놀란다는 옛 속담이 생각난다. 지브롤터에서 모하메디아로 가던 중 돌풍으로 고생해서 그런지 약한 돌풍에도 신경이 쓰인다. 저녁을 먹고 나자 먹고 2차 돌풍으로 요트가 갑자기 360도 빙 돈다. 나가서 보니 돌풍에 오토파일럿Autopilot, 자동조타장치이 풀렸다. 저녁노을에 먹구름 비가 한 방울씩 떨어진다. 긴장하면서 주시한다. 항해는 쉬운 것이 아니다. 늘 긴장의 연속이다. 한순간의 실수가 화를 불러온다.

모하메디아 → 란자로테

2018.11.06. 란자로테 입항

란자로테 Lanzarote
에스파냐 라스팔마스주州에 속하는 섬

밤새 견시 항해다. 오토파일럿이 있어서 그나마 다행이다. 너무 추워서 저녁 11시부터 새벽 4시까지 옷을 겹겹이 입고 그 위에 비옷까지 입어가면서 견뎠다.

마침내 모하메디아 출항 4일째 되는 날, 오전 11시에 스페인 카나리아제도 란자로테에 입항했다. 카나리아제도는 대서양을 건너고자 하는 모든 선원을 위한 필수 기착지일 뿐만 아니라 그 자체로 바다를 사랑하는 사람들에게 모든 미덕을 제공하는 완전한 항해 목적지이다.

입항하자마자 아들에게 안부 전화와 함께 항해 중에 찍은 대서양 해돋이 사진을 생일 선물로 카톡으로 보내 주었다.

란자로테

2018.11.07. - 11.09. 기항지에서의 시간

유럽인들이 노후에 가장 살고 싶다는 곳이 스페인 남부의 카나리아제도라고 한다. 그중에서도 이곳 란자로테를 가장 선호한단다. 아름답고 따뜻하고 생활 요티들의 천국이다.

란자로테 루비콘 마리나Rubicon Marina에서는 매주 수요일과 토요일 오전 9시부터 오후 2시까지 열리는 장터가 있다. 내가 본 장터 중 최고급이다. 없는 것 없이 다 있는 것 같다. 마을 주민들이 만든 토산품이

며 식자재, 그리고 명품 옷 판매장까지 다 있다. 오랜만에 이런 장터를 보니 내가 더 신이 나서 가게마다 정신없이 돌아다닌다. 예쁜 것들이 너무 많아 눈이 호강한다.

이곳 마리나에 장기 체류 중인 생활 요티 뿐만 아니라 근처 호텔, 리조트에서 온 백발의 고령 할머니, 할아버지들까지 합세했다. 판매자들도 신이 난 듯 즐거워한다. 가끔 이삼십 대 젊은이들도 눈에 띄는데, 이들은 가족들과 함께 부모님께 다녀가는 듯하다. 마리나 내에 헬기 착륙장까지 있으니 이곳이 유럽에서 퇴직 후 가장 살고 싶은 곳 휴양지답다. 나도 훗날 이곳에서 살고 싶다는 생각이 든다.

11월 9일

렌터카 타고 란자로테섬을 돌았다. 살리나스 데 자누비오Salinas de Janubio는 끝없이 펼쳐진 염전이다. 반대편 언덕으로 가서 망원으로 당겨서 사진을 찍었다. 흰 고깔 모양 소금들이 줄을 맞추어 끝없이 서 있고, 염전 옆 해초들은 곱게 단풍이 들었다. 용암 밭 자갈길을 지나 만난 칼데라 데 로스 쿠에르보스Caldera de Los Cuervos 분화구의 모습은 마치 사진 속 달의 풍경 같았고, 용암이 다른 행성처럼 보인다. 검은 모래 엘 골포El Golfo 해변의 담수 녹조 호수는 대서양의 검푸른 바다와 맑고 청명한 하늘이 조화를 이루며 아름답다는 표현보다는 신비의 세계로 빠져든 듯하다.

라 게리아 와이너리Bodega La Geria는 화산석 불모지 웅덩이에 돌탑을 쌓고 포도나무를 한 그루씩 정성스럽게 심어놓은 곳이다. 끝없이 펼쳐져 있는 포도밭이 장관이다. 어떻게 이런 포도밭을 만들었을까? 궁금하다. 인간은 위대하다. 와이너리 박물관에 들러 와인을 시음했다. 포도주가 아니라 삶의 애환과 눈물이 이슬처럼 모여 탄생한 작품이라는 생각이 든다.

란자로테 → 라스팔마스

2018.11.10. 란자로테 출항

마리나 좌측 10분 거리 언덕에 천국처럼 아름다운 바닷가 절벽이 있고, 그 천 길 낭떠러지에 무덤이 하나 놓여 있다. 이미 한쪽은 토사가 무너져 무덤도 얼마 후면 무너질 것 같다. 누군가가 가져다 놓은 꽃은 아직 시들지 않았다. 삶과 죽음에 대해 잠시 생각해 보게 된다. 무덤의 주인이 누구일지. 행복해 보였다.

오후 라스팔마스로 출항을 하기 위해 마리나 사무실에 방문했다. 사용료를 정산하고 세계 각국에서 온 요티들이 많은 이곳에 한국의 전통적 아름다움인 태극선 부채를 걸어 두었다. 내가 할 수 있는 작은 애국심의 표현이다. 직원은 부채를 보며 꽤 마음에 들어 하는 눈치다. 고맙다며 루비콘 마리나 깃발과 마리나에 관한 책자 등 자료를 내주며 다음 항해 때 또다시 꼭 찾아 달라고 한다. 이곳 특산품 와인 1병, 마리나 로고가 새겨진 모자, 네임텍줄, 비스킷 1봉지까지 챙겨 준다. 함께 기념사진을 찍고 직원이 준 선물 꾸러미를 들고 뒤돌아 나오는데 고마운 마음에 눈물이 났다. 사실 기항지마다 태극선 부채 선물 하나에 선물 꾸러미와 무궁무진한 항해 정보가 돌아오니 참 미안할 정도이다.

사실 나는 오래전부터 해외여행 특히 스쿠버 다이빙 갈 때는 꼭 전주의 상징인 태극선 색동 꼬마부채를 준비해 가서 나만의 이벤트를 했다. 작은 선물이지만 만나는 사람마다 작은 선물에 감사하고 서로 빨리 친해지는 매개체 역할을 한다. 이번에는 많은 양의 부채를 준비했다. 기항지마다 나만의 작은 행사로 태극선 부채에 사인 후 선물하면 다들 너무 좋아한다.

돌탑을 쌓아 만든 포도밭

출항 후 멀미로 엄청 고생을 했다. 춥고 배고프고 아프고. 콕핏 바닥에 방석 깔고 이불 뒤집어쓰고 누웠다 일어났다를 밤새 반복했다. 새벽 3시께 구름 속에 갇혀 있던 달빛이 얼굴을 내밀기 시작해 주변이 좀 더 환해졌다. 멀리 스페인 카나리아제도 라스팔마스 도심의 불빛이 보이기 시작한다.

잘 먹어야 집 간다 1

향수병 극복! 망망대해에서 한식 챙겨 먹는 노하우

잘 먹어야 요트 항해로 집까지 간다.

2016년 망망대해 한가운데서 배고파 울었던 경험 덕택에 내가 좌우명처럼 새기고 사는 말이다. 출국 전 아무리 꼼꼼히 식재료를 준비했어도 항해가 길어지면 음식은 동나기 마련. 더군다나 한국인이라면, 이국에서 맛보는 낯선 요리가 아무리 낭만적이라 할지라도 불쑥불쑥 새빨간 김치와 뜨끈한 국물 생각이 간절해질 수밖에 없다. 기나긴 여정에 지쳐버린 몸과 마음에 에너지를 꽉 채워주는 한국식 집밥 챙겨 먹기 노하우를 소개한다.

1. 말린다.

김치와 나물

한국인이 김치 없이 살 수 있을까? 기항지에서 배추를 구해 겉절이를 무쳐 먹기도 하지만 묵은지 특유의 매력을 포기할 수 없는 나는 건조라는 방법을 떠올렸다. 묵은지를 건조해 무게를 1/3로 줄인 후 진공 포장하는 것은 오랜 항해 생활을 통해 터득한 나만의 비책이다.

고사리, 취나물, 시래기 등등 한국에서 미리 챙겨 온 말린 나물도 항해 내내 육개장으로, 비빔밥으로, 시래기 지짐 반찬으로 요긴하게 쓰였다. (항해 중 습도가 높을 땐 나물의 상태를 살피면서 볕이 좋은 날 데크에 펼쳐 다시 말리기도 한다.) 이렇게 말린 채소들은 부피가 작고 무게가 가벼우며 쉽게 상하지 않는다는 장점이 있다. 섬유질이 풍부한 말린 나물의 섭취는 좁은 요트에서 생활하며 운동량이 줄어든 요티들의 장 건강에도 도움이 될 것이다.

염장 생선

섬과 항구에 정박할 때마다 손쉽게 구할 수 있는 식재료 중 하나가 바로 생선이다. 현지인의 호의로 선물 받기도 하고, 시장과 마트에서 구입하기도 한다. 갓 잡은 생선도 물론 맛있지만, 오래 두고 먹으려면 절이고 말려야 한다. 소금물에 30분 정도 절였다가 소쿠리에 건져 물을 뺀 후 로프에 꿰어 요트 선수 데크 양쪽 사이드 스테이에 걸어서 말린다. 갈치, 조기, 농어 등 지역마다 잡히는 생선은 달라도 모두 이런 식으로 말리면 된다.

가끔은 갈매기가 날아와서 잽싸게 채갈 수도 있으니 주의할 것. 노끈으로 꽁꽁 묶어 놓아도 소용없다. 한눈팔면 뺏기는 것은 순식간이다.

오징어

기항지에서 구한 오징어 역시 로프에 꿰어 스테이에 묶어 말렸다. 꾸덕꾸덕 마

르면 울릉도 오징어 맛이 날까? 대서양 청정 바닷물에 헹궈 해풍에 말리고 있으니 짭짤하니 얼마나 맛있을까? 바람 불 때마다 비릿한 오징어 냄새가 진동하지만, 맛있게 먹을 생각에 냄새는 뒷전이고 그저 설레기만 했다.

어린 시절 집에는 오징어가 떨어질 날이 없었다. 아버지는 군대 시절 장작불에 오징어를 구워 먹던 추억을 항상 간직하셨고 그 덕에 나도 늘 오징어를 입에 물고 살았다. 바다 한가운데서 마른오징어 다리를 씹으며, 나는 행복에 젖어 아버지를 떠올렸다.

2. 얼린다.

밑반찬과 국물 요리

흔들리는 배 안에서 중심을 잡으며 싱크대 앞에 서서 요리를 한다는 것은 너무

나도 힘든 일이다. 한번 뱃멀미에 시달리기 시작하면 한 구간 항해가 끝날 때까지 고통스럽다. 기항지에서 조달한 재료로 출항 전 미리 음식을 만들어 냉동해 두기를 추천한다.

이탈리아의 산타 마리아 디 레우카에서는 돼지고기보다 쇠고기가 엄청 쌌다. 반가운 마음에 장조림용으로 구입했다. 장조림은 장거리 항해 밑반찬으로는 최고다. 냉장고에 두고 먹어도 되지만, 양이 많을 경우에는 소분해 냉동실에 넣어두었다가 필요할 때 꺼내 먹으면 된다.

국물 요리도 마찬가지. 배 안에 서 있는 것도 힘든데 냄비에 넘실넘실 출렁이는 국을 끓이려 애쓰지 말고 미리미리 얼려두자. 기항지에 정박해 놓고 있을 때 넉넉하게 끓여 한 끼 먹을 만큼씩 나눠서 냉동해 두면 도움이 된다.

3. 기른다.

열무 새싹

짧게는 2~3일, 길게는 한 달 이상도 걸리는 항해 중 가장 보관이 힘든 것이 채소류다. 쉽게 물러지고, 종이에 싸서 냉장 보관을 한다 해도 열흘 이상 보관이 어렵다.

배 위에서 신선하고 아삭한 채소를 먹고 싶다면 가장 좋은 방법은 열무 새싹을 기르는 것. 한국에서 준비해 온 열무 씨앗을 기항지에서 구한 화분에 심어 10일만 기다리면 파릇한 싹이 화분 가득 소복이 자라는 모습을 볼 수 있다. 자라난 열무 새싹은 비빔밥에 넣어 먹거나, 고기를 먹을 때 상추쌈 대신 곁들여 먹는다.

상추는 발육 속도가 느리고 고온 다습한 날씨에 잎이 녹아 없어져 권장하지 않는다. 콩나물은 2년 전 항해 때 길러봤는데, 항해 중 요트가 움직이니 뒤죽

박죽이라 다 크기도 전에 썩어버렸다. 열무 순이 빨리 자라고 튼튼해서 좋다.

특히 지중해에서 키운 열무 새싹은 겨자잎처럼 톡 쏘는 매운맛이 강했다. 식물들의 생존 본능인 걸까. 한국에서 자랄 때는 순하디순했던 열무 새싹이 지중해의 강렬한 햇살 아래 버티고 사는 것이 용하게 느껴지기도 한다.

준비물

열무 씨, 긴 화분 3개, 채소용 퇴비 및 부엽토 3봉지, 마리나 앞산에서 주워 온 솔방울(화분 바닥용), 스티로폼 약간, 물뿌리개, 나무젓가락

씨앗 심기

① 화분 바닥에 자갈 대신 스티로폼 조각 깔기 (스티로폼 이용 시 화분이 가볍다.)

② 솔방울 깔기 : 스티로폼은 위생상 좋지 않아서 중간에 깐다.

③ 부엽토 & 채소용 퇴비 : 2:1로 섞어 채운다.

④ 씨앗 심기 : 열무 씨는 심을 곳을 줄 맞추어 나무젓가락으로 파놓고 씨앗 1~2개를 넣고 다시 나무젓가락으로 덮는다.

⑤ 물 뿌리기 : 물은 하루에 한 번 정해진 시간에 듬뿍 준다. (페트병 바닥에 송곳으로 구멍을 내서 물뿌리개를 만들었다.)

⑥ 보관 : 햇볕이 없는 그늘에서 싹이 돋아날 때까지 둔다. 싹이 난 후에는 바닷물이 닿지 않는 햇볕에 둔다.

실전 Tip

항해 중 강풍을 만나 높은 파도와 씨름해야 할 때에는 식사 시간이 고역이다. 아차 하는 순간 밥그릇 위에 바닷물이 가득하거나, 그릇들이 아예 바닷속으로 풍덩 빠져버릴 수도 있다.

이럴 땐 양은 편수 냄비를 뷔페 접시 삼아 밥을 푸고, 밥 위에 반찬을 다 올려놓고 먹는 편이 좋다. 한 손으로 손잡이를 꽉 붙잡고 먹을 수 있고, 설거지도 간편하다.

대서양을 횡단해 카리브해까지

3장

여자라고 기죽지 말고,
남자 열 몫하고 살아라

라스팔마스 로드니 베이 카르타헤나 오트란토 산블라스

항해 중 포착한 경이로운 순간들을 생생한 영상으로 미리 만나보세요!

한국 최초 ARC 대회 참가자, 영애 킴

란자로테 → 라스팔마스

2018.11.11. 라스팔마스 입항

라스팔마스 Las Palmas
모로코 서쪽, 대서양 해상의 에스파냐령 카나리아제도에 있는 도시

오전 10시, 라스팔마스에 입항했다.

'야자수palma, 팔마의 섬'이란 이름으로 불리는 라스팔마스가 대륙을 잇는 해양 교통 거점으로 도약하게 된 것은 14세기 이후 스페인 왕국에 정복당하면서다. 1492년 아메리카 신대륙을 발견한 콜럼버스가 이곳에서 식량과 야자수 기름을 보충하고 서쪽으로 항해를 시작했다 하여 대서양 횡단의 출발점으로 유명해졌다. 지금은 유럽연합EU의 최남단 지역으로 아프리카 속의 유럽 도시로 꼽힌다.

해변가에 묘박 후 푸에르토 데 라스팔마스Puerto de Las Palmas 사무실에 무전기 11번 채널로 연락하니 오후 4시에 오픈한다고 그때 입항하라

벽면을 가득 채운 전단지

고 한다. 계속 대기하다 6시가 다 되어 선석을 확보했으나 ARC Atlantic Rally for Cruisers, 대서양 횡단 랠리* 대회로 선석이 모자라니 이틀만 사용하고 나가란다. 낭패다.

저녁을 먹고 마리나 한 바퀴를 돌았다. 와!! 대서양을 건너는 요트들은 다르다. 크고 방대하다. 대서양에 나갈 모든 채비를 마친 요트들이다. 게시판은 물론이고 세탁실, 화장실, 가는 곳마다 크루가 되고 싶다는 전단지가 붙어 있다. 호객 행위하듯 자기소개서를 들고 다니는 사람들도 있다. 대단하다.

*ARC는 1986년부터 시작된 연례 대서양 횡단 요트 대회로, 11월 말 카나리아제도 라스팔마스에서 출항해 대서양을 건너 서쪽으로 카리브해로 향한다. 세인트루시아로 바로 입항하는 'ARC' 코스와 카보베르데를 경유해 그레나다에서 끝나는 'ARC+' 코스 등이 있다. www.worldcruising.com

라스팔마스

2018.11.12. -11.24. 기항지에서의 시간

마리나 사무실에서 현황 지도를 보니 이미 선석이 꽉 차 있다. 어제 선석을 배정받았지만 내일은 또 새로운 자리로 요트를 옮겨야 하는 상황이다. 투덜거리며 번호표를 뽑고 의자에 앉아 순서를 기다리는데, 흰 백발 단발머리 요티 할머니가 미니스커트에 어여쁜 요트화를 신으시고 한 손에는 요트 관련 서류를 들고 나타나셨다. 비틀거리며 지팡이를 짚어야 할 연세로 보이지만 아무렇지 않게 당당히 다니시는 할머니의 모습이 눈길을 끈다. 대서양을 건너서 카리브해로 가신다는 할머니에게 사진 한 장을 찍어도 되겠냐고 했더니 웃으시면서 옆 모습 포즈를 취해 주신다. 나도 저 연세 때 카리브해에 있었으면 좋겠다는 생각을 한다. 이곳에서 만난 생활 요티 중 나이가 지긋하신 분들이 꽤 많다. 모두 다 젊었을 때부터 요트를 접했던 분들이라서 가능한 것이다.

이곳 마리나에는 항해에 필요한 모든 제품들이 다 있다. 마린 숍에서 카보베르데, 콜롬비아, 파나마 및 앞으로 입항할 나라 국기를 구입했다.

오후에는 차도 마시고 인터넷도 할 겸 카페 세일러 베이Cafe Sailor Bay를 방문했다. 카페에는 요티들로 바글바글 자리가 없다. 한참을 기다리고 나서야 한자리가 비어서 자리를 차지하고 나서 보니, 이곳은 카페 이름 그대로 세일러들이 맥주 한 잔 마시면서 정보 교환도 하고 휴식을 취하는 공간이다. 세일러들의 사랑방이라고 해야 할까?

나는 여기 있는 세일러들이 궁금하다. 긴 항해로 피로에 지쳤을 만도 한데, 그들의 눈빛은 마치 큰 업적을 이룬 장수들처럼 초롱초롱 빛나고 있다. 카페 천장이며 벽면은 온통 모자들로 가득하다. 대서양을 건너기 전이나 후에 세일러들이 자신의 모자 겉면에 요트 이름, 선장 이름, 그리고 방문 일자와 자기소개 기록을 남기고 걸어 놓은 것이다. 수백 개의 모자들 중 한글이 하나도 없다는 게 아쉽다. 나라도 떠나기 전에 꼭 걸어놓고 가야겠다는 생각을 한다.

11월 14일

세계적으로 유명한 요트 대회 ARC의 깃발이 5개나 걸린 요트를 보았다. 펄럭이는 깃발이 부러웠다. 요티들은 ARC 대회에 몇 번 참가했는지를 자랑스럽게 생각한다. 열 번을 참가한 요트는 깃발 한 장에 그 이력을 모두 압축해 걸어놓기도 한다.

11월 15일

아침 일찍 카메라를 들고 마리나 한 바퀴를 돌았다. 주변을 걷다 한 요트에서 ARC 깃발을 돛대에 달려는 모습을 목격하였다. 나는 그 대회에 참가는 못할지언정 기념으로라도 그 깃발을 배경으로 사진을 찍고 싶어 요티에게 다가가 부탁했더니 흔쾌히 승낙한다. 사진 한 컷.

요트들은 하나같이 앞으로 항해할 준비를 하느라 분주하다. 하네스를 착용하고 마스트 꼭대기에 올라 윈드 패넌트wind pennant 점검을 하고 있는 요티가 손을 흔들면서 웃는다.

마린숍 윈도에 걸려있는 4~5세용 요티 전용 점퍼를 선물용으로 하나 구입했다. 우리 손주가 커서 입고 다닐 것을 생각하니 기분이 좋다. 종업원에게 예쁘게 포장해 줄 것을 부탁했더니 포장 후에 종이배를 만들어서 붙여준다. 마린숍답다.

마리나에서 만난 요트. ARC 깃발 5개가 자랑스럽게 펄럭인다.

한국인 선원 위령탑

11월 16일

스페인 카나리아 제도 라스팔마스를 관광하기로 했다.

첫 일정은 시내 외곽에 있는 산나자로 시립묘지다. 1966년부터 1980년대까지 어업에 종사하다 사건 사고로 돌아가신 한국인 선원 124명이 이곳 봉안당에 모셔져 있다. 준비해 간 국화꽃 한 다발을 놓고 한참을 기도했다. 이분들이 계셔서 우리나라의 국력 향상에 도움이 된 생각을 하니 감사하며 눈물이 난다.

"바다로 뻗으려는 겨레의 꿈을 안고 오대양을 누비며 새 어장을 개척하고 겨레의 풍요한 내일을 위하여 헌신하던 꽃다운 젊은이들이 바다에서 목숨을 잃었다. 허망함이여 그들은 땅끝 망망대해 푸른 파도 속에 자취 없이 사라져 갔지만 우리는 그들을 결코 잊지 않을 것이다."

찾아오는 사람 없는 이곳에 박목월 시인의 추모 시가 적힌 위령탑만이 우뚝 서 있다. 이 먼 곳까지 와서 조국에 돌아가지 못하고 쓸쓸히 계시는 이분들이야말로 진정 애국자이시다.

점심에는 라스팔마스 남부의 아름다운 해변 안피 델 마르Playa Anfi del Mar의 카페에서 스페인 전통 음식 오징어 먹물 빠에야와 생선튀김을 먹고, 마스 팔로마스Mas Palomas 모래언덕으로 갔다. 해넘이 시간을 지나서인지 마스 팔로마스의 사막에 낙타들은 집에 가고 젊은 연인들과 가족 서핑 보더들만이 가족사진 촬영을 하고 있었다.

11월 17일

콜럼버스 뮤지엄The Columbus Museum을 방문했다. 첫눈에 들어오는 것은 화려한 옷을 입은 앵무새 한 쌍이다. 실제로 해적들은 앵무새를 키웠다고 한다. 앵무새는 색깔이 화려하고 예쁘고 말도 가르칠 수 있고 배 안에서 키우기도 비교적 쉬워서 다른 동물에 비해 인기가 많았다고 한다.

1492년, 콜럼버스가 탄 산타 마리아Santa Maria호, 핀손 형제가 탄 핀터Pinta호, 그리고 니나Nina호가 스페인에서 대서양으로 항해 중 고장이 나자 이곳 라스팔마스에 기항했다. 이후 콜럼버스는 이 세 척의 배를 이끌고 당시 아직 미지의 '검은 바다'였던 대서양으로 향했다. 그들에게 첫 항로인 대서양을 횡단하는 동안 선원들은 오랜 바다 생활에 지쳐 있었다. 선원들이 폭동을 일으킬 위험도 있었고, 낮게 드리워진 구름을 육지로 착각하기도 했다고 한다.

그 과정을 통해 콜럼버스가 개척한 '신대륙'은 사실 원주민들의 땅이었다. 원주민의 입장에선 콜럼버스가 야만인이다. 앞에서도 언급했지만, 북아메리카, 중앙아메리카, 남아메리카에 속한 서반구는 몇

천 년 전부터 원주민들이 조상 대대로 살고 있었다.

훗날 빅토르 위고는 말했다.

"콜럼버스의 가장 위대한 업적은 목적지에 이르렀다는 것이 아니라 목적지를 향해 돛을 올렸다는 것이다."

11월 18일

오후 1시부터 마리나 사무실 앞에서 ARC 개막식 축제가 열렸다. 화려한 선포식과 함께 출전 국가들의 국기 개항식이 있었다. 부럽다. 우리나라도 출전할 수 없을까? 밴드 음악에 맞추어 출전국 선수들이 다같이 팀별로 단체복을 입고 춤을 추며 축제를 즐긴다.

11월 20일

마리나 내 임시 시설에 세워진 간이 바에서는 매일 저녁 8시마다 ARC 대회 참가자들을 위한 와인 파티가 열린다. 궁금하기도 하고 사진도 찍을 겸 그 앞에 서 있었더니 연세 많으신 프랑스 요티 할머님이 내게 티켓 1장을 주면서 입구에서 티켓 검사를 하는 직원에게 부탁하며 어서 들어가 보라고 한다. 간이 바는 시끌벅적 바글바글 세계 각국 백여 명이 넘는 요티들로 소란스럽다. 그중 우크라이나에서 출전한 요티님을 만났는데 갑자기 "안녕하세요? 내 말 들려요?" 한국말로 인사를 한다. 5년 전에 한국을 방문한 적이 있는데 한국어가 너무 어렵단다. 그들은 용기를 내서 30피트급 요트로 남자 2명이 출전한단다. 함께 기념 촬영을 한 후 와인 한 잔을 마셨다.

이곳에 입장 시켜준 프랑스 요티 할머니와 우크라이나 요티들에 힘입어 나도 참가할 수 있을 것 같다는 생각이 든다. 어차피 대서양을 건너야 하니, 같이 항해하면 안전하고 많은 도움이 되지 않을까?

사실 서아프리카 카보보르데Cape Verde를 경유해서 대서양을 건너려고 비자 발급까지 받아놓은 상태지만, 이미 마음을 굳혔다. 4일 후면 ARC 대회는 시작할 것이고, 안 되면 되게 할 것이다.

11월 21일

이른 아침 사무실로 가 ARC 대회**를 접수했다. ARC 기념 깃발과 함께 참가 번호 133번을 부여받았다. 참가비 1,300유로(46피트 요트 기준, 크기에 따라 참가비가 다르다), 참가자 1인당 140유로다. 이미 진행된 행사에 뒤늦게 신청한 상황이라 비용을 어느 정도 제외해 주었다.

참가 신청을 마치니 안전 검사 담당 직원이 나와 체크리스트를 보면서 요트 기본 장비를 3시간 동안 꼼꼼하게 검사한다. 장비 검사 유효 기간이 지났거나 대양 항해에 적합하지 않은 제품들, 그리고 없는 물품들은 다시 구입하라고 한다.

시간 관계상 ARC 직원 한 사람이 요트에 상주해 모든 일처리를 일사불란하게 대행해 준다. 물품은 롤노틱 라스팔마스 S.L.Rolnautic Las Palmas S.L. 매장에서 한꺼번에 구매하기로 결정한다. 구명보트가 연안용이라면서 대양 항해용으로 다시 구입하길 요청받았고 구명조끼도 대양 항해용, 호루라기, 자가 점화 등, 비상용 위치표시 무선 장치EPIRB는 검사 기간이 끝나 다시 구입한다. 이것저것 새로 구입한 물품만 3,080유로. 참가비까지 합쳐 총 4,520유로가 들었다. 이제 대양 항해 장비 검사까지 마치고, 모든 준비가 완료되었다.

11월 22일

마리나 건너편에 설치되어 있는 본부석 앞 국기 게양대에서 태극

**ARC 2018 Gran Canaria to St. Lucia. 카나리아제도 라스팔마스에서 출항해 세인트루시아 로드니 베이에 입항하는 코스

태극기와 함께

카페 세일러 베이 천장에 빼곡한 모자들

기가 게양되고 애국가가 울려 퍼졌다. 이번 대회 총책임자 앤드류 비숍Andrew Bishop이 빗속에 함께 태극기를 게양해주고 축하해 주었다.참가국 34개국(요트 175척) 중 마지막 국가이고, ARC 대회 역사상 한국 요트 최초, 한국인 최초란다. 감개무량하다.

오전 10시, 주최 측에서 헬기를 띄웠다. 긴급 구조 훈련을 하는 요티들의 모습을 영상으로 찍으며 모두 나와서 국기를 흔들어 달라고 요청한다. 나는 재빨리 태극기를 꺼내와서 카메라를 향해 흔들었다. 내게도 ARC 대회에 참가하는 이런 날이 있다니. 가슴 벅차고 두근거리며 행복하다. 힘든 줄도 모르고 발걸음이 가볍다.

11월 23일

항해를 앞두고 마리나 방파제에 흔적을 남기는 이벤트가 열렸다. 불가리아에서 왔다는 마리에타 자이코바Marieta Zaykova는 준비가 철저하다. 물감 대신 색깔별로 페인트를 준비해 와서 꼼꼼하게 요트 그림을 그리고 사인을 한다. 얼굴도 예쁘지만 그림도 너무 잘 그린다.

나는 방파제 대신 하얗고 챙이 넓은 모자 위에 사인을 하고, 카페 세일러 베이Cafe Sailor Bay에 벽면에 걸어두었다.

지구 반대편 라스팔마스, 눈 반짝이는 요티들의 사랑방에는 나의 흔적이 남아 있다.

Yacht World Course Croatia – Republic of Korea
ARC 2018 Gran Canaria to St. Lucia
2018. 11. 23. Kim Young Ae.

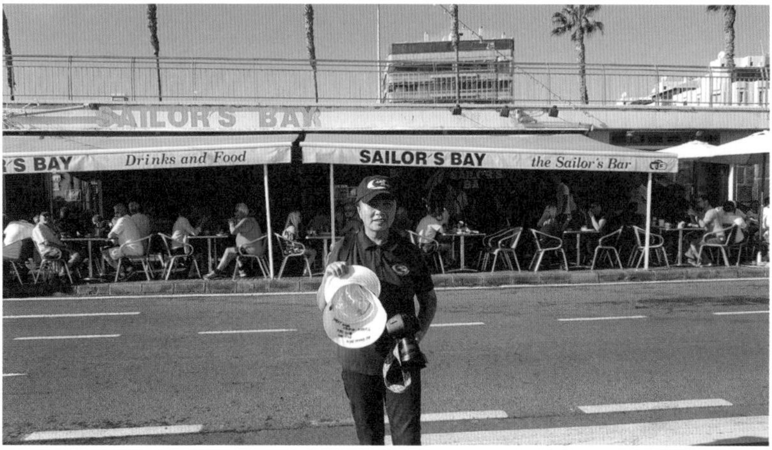

대서양 횡단, 항해는 계속되어야 한다

라스팔마스 → 로드니 베이

2018.11.25. 라스팔마스 출항

드디어 ARC 대서양 횡단 랠리가 시작되었다. 카나리아제도의 라스팔마스Las Palmas De Gran Canaria에서 출발해 대서양을 건너 세인트루시아Saint Lucia의 로드니 베이Rodney Bay까지 가는 긴 여정이다.

정오가 되자 참가 요트가 한 척 두 척 출항하면서 본부석 앞을 향해 각종 세러모니를 선보인다. 브라질 나팔 부부젤라를 부는 팀, 피에로 복장을 하고 춤을 추는 팀, 머리에 가발과 가면을 쓰고 춤을 추는 팀 등 팀별로 준비한 퍼포먼스도 다양하다. 나는 태극기를 꺼내 들고 "대~~한민국 코리아!"를 외쳤다. 관람객들도 다 같이 코리아 파이팅를 외친다. 벅차오르는 순간이다.

프랑스 요트 친구 알랭과 패트리샤가 고무보트까지 타고 나와서 나를 배웅한다. 연신 "안전 항해safe sailing"를 외치면서 손을 흔든다. 서서히 멀어져 가는 이들 고무보트를 보니 갑자기 눈물이 난다. 모로코 모하메디아에서 처음 만나 이곳 라스팔마스까지, 600여 해리를 함께

대서양 횡단의 시작이다. 모두들 Safe Sailing!

항해하고 서로 의지해 왔는데 항로가 달라서 여기서 헤어져야 한다. 고맙고 또 고맙다. 다음에 또 만나자!

라스팔마스 → 로드니 베이

2018.11.26. 항해 1일째

아침에 동이 터서 먼바다를 바라보니 그 많던 요트들이 모두 간 곳 없다. 저 멀리 카타마란 1대와 모너헐 요트 1대만이 지나간다.

13일 동안 육지에 있어서일까, 하루 만에 뱃멀미로 인한 두통이 온다.

라스팔마스 → 로드니 베이

2018.11.28. 항해 3일째

새벽 3시부터 아침까지 바람 방향을 따라 서아프리카 카보베르데 쪽으로 계속 내려가고 있다. 아침 8시가 되자 돌고래 떼가 출현했다. 엄마 따라 수면 밖으로 튀어 오르는 아기 돌고래의 점프가 너무 귀엽다. 이 녀석들 움직임이 어찌나 빠른지 사진을 찍을 수가 없다.

밤 10시, 바람은 세지 않으나 선미 쪽으로 파도가 쳐서 콕핏으로 바닷물이 들어온다. 재빨리 닦아내고 방향을 5도 올렸다.

달빛과 별빛이 너무 아름답다 혼자서 이 아름다운 풍광을 즐긴다는 게 안타깝다.

저 멀리 요트 2대가 뒤따라오고 있다.

라스팔마스 → 로드니 베이

2018.11.29. 항해 4일째

새벽바람이 참 달콤하고 살갑다.

초가을 밤 초롱초롱 달빛과 별빛 아래 할머니 무릎 베고 눕던 그 시절의 기분이다. 아름답다.

라스팔마스 → 로드니 베이

2018.11.30. 항해 5일째

아침부터 바람이 강하게 불어와 스페인 국기와 ARC 깃발을 떼어 내고 덜렁거리는 레이더 반사판*을 다시 꽁꽁 묶어 두었다.

라스팔마스 과일마트에서 사 온 바나나가 하나둘 익어간다. 오늘 두 개를 떼어 먹었다. 한 다발에 50여 개가 붙어 있으니 하루에 두 개씩 먹으면 25일 동안 대서양을 건널 수 있겠다는 생각이 든다.

라스팔마스 → 로드니 베이

2018.12.01. 항해 6일째

새벽바람이 쌀쌀하고 차갑다. 염분이 있는 바닷바람을 맞으니 따갑고 아프고 시립다. 얼굴만 그런 것이 아니라 온몸에 소금물을 발라 놓은 듯하다. 얼굴이나 맨살을 문지르면 소금 알맹이가 까끌거리고

*레이다가 오작동하지 않게 도와주는 장치

끝없이 올라오는 폐그물

궁금해서 맛을 보면 짭짤하다.

요트는 순풍에 바람 따라 235도로 스케이트를 타듯 물살을 가르며 순조롭게 잘 달리고 있다. 하늘에 별들이 가끔 모습을 보이고 저 멀리 먹구름도 모였다가 유유히 흩어지기를 반복한다.

12월 1일

이달만 가면 2019년이다.

한 해 동안 무엇을 했을까. 나이를 먹었고, 손주 보고 싶은 마음만 더 커졌다. 손주의 사진과 동영상을 보니 건강한 체구는 아들을 닮았고, 눈과 웃는 모습은 엄마를 닮아 귀엽고 예쁘다. 손주가 태어난 2017년 8월 9일, 나는 사이판에서 나가사키로 항해 중이었다. 올해는 대항해 준비와 시작으로 한해를 다 보냈다.

오후 3시 40분, 세일 항해 중 문득 뒤를 돌아보니 무엇인가 큰 물체 덩어리가 보인다. 거대한 참치잡이용 팔뚝만 한 로프와 폐그물이 길게 늘어서 요트 뒤를 따라오고 있었던 것이다. 잡아당겨 보니 러더와 프로펠러에 걸려있다. 사고 상황을 ARC 본부와 프랑스 요티 알랭에게 위성 전화로 알렸다. 본부에서는 근처에 있는 요트들에 이 사실을 알렸으나, 다들 너무 멀리 있어 도움을 주기가 힘든 상황이란다.

일단 급한 대로 눈에 보이는 그물만 잡아당겨 대형 쓰레기봉투로 하나 가득 수거했다. 러더와 프로펠러 킬에 걸린 그물은 아직 수거하지 못한 상태다. 조류가 매우 세고 장비가 부족한 상황, 스쿠버 장비를 착용하고 바다에 들어가기에는 너울성 파도까지 있어 작업을 충실히 이행하지 못하고 대기할 가능성이 높다. 자칫 잘못 입수하면 사고로 이어질 위험이 크다.

대형 참치 그물이 고래 잡듯 요트를 잡아버린 듯하다. 큰일이다. 답이 없다.

이런저런 걱정에 잠이 오지 않는다. 하나님, 도와주세요.

라스팔마스 → 로드니 베이

2018.12.02. 항해 7일째

심란한 마음과는 달리 오늘 바람은 솜사탕처럼 부드럽고 달콤하다. 항해하기 최상의 조건이다. 부드럽고 달콤하게 느껴진다. 어젯밤 기도 덕분일까, 아침부터 그물 제거 작업을 하기에 수월한 환경이다.

우선 다이빙 웨이트 벨트를 로프 중간에 매달아 선수와 선미에 대각으로 설치 후 바닷물에 가라앉히고 클리트cleat, 로프 걸이에 묶었다. 펜더fender, 부표 3개를 길고 짧게 순서대로 선미 좌우에 설치. BCD부력 제어 조끼 대신 하네스를 착용하고 호흡기가 걸리지 않게 최선의 방책으로 안전 로프 설치. 입수 전 안전 로프에 잠금장치를 걸고 입수. 8시부터 11시까지, 작업 3시간 만에 그물 제거를 완료했다.

프랑스 요트 알랭 선장은 사고 당일 오전 8시 30분부터 내내 수고가 많았다. 운영본부에 직접 찾아가 현 상황을 메시지로 주고받고 저녁에는 현재 상황 체크까지. 정말 고마운 분이다. 요티로서 참 배울 점이 많다.

라스팔마스 → 로드니 베이

2018.12.03. 항해 8일째

어제 폐그물 작업으로 평소보다 항해를 반밖에 못했다. 그나마 오늘 오전부터는 무풍, 선속 4.5~5노트로 기주 항해를 계속했다.

어제의 스트레스 때문인지 오늘은 하루 종일 비몽사몽 피곤하고 힘들다. 저녁으로 오랜만에 수제비를 만들어 먹었다. 멸치와 다시마, 표고버섯 육수에 애호박, 양파, 감자, 붉은 고추, 마늘, 계란까지 식재료를 다 갖추어 제대로 만들었다. 너무 맛있다. 대항해 중에 이런 한국 음식을 만들어 먹을 수 있다는 것도 축복이다. 잘 먹고 건강해야 집까지 갈 수 있다. 무조건 잘 먹고 건강해서 열심히 항해하자.

라스팔마스 → 로드니 베이

2018.12.04. 항해 9일째

여름 바지를 입고 있는데도 별로 춥지 않다. 이제 대서양을 건너 카리브해 쪽으로 내려갈수록 기온이 올라간다. 앞으로 한국 돌아갈 때까지 계속 여름이다.

엄마가 보고 싶다. 건강하게 잘 계셔야 할 텐데 갑자기 걱정스러운 마음이 들어 위성 전화를 시도했지만 받지 않으신다. 하는 수 없이 옆집 아주머니에게 전화를 드려 목소리를 확인할 수 있었다. 잘 계신단다.

새벽 6시, 너울성 파도로 계속 알람이 울린다. 알람을 완전히 끌 수도 없고, 알람 앞에서 계속 끄기를 반복한다.

라스팔마스 → 로드니 베이

2018.12.05. 항해 10일째

밤 10시, 저 멀리 배 한 척이 보인다. 불빛을 보니 상선인가 싶다. 이런 날엔 배 몇 척과 나란히 항해를 했으면 한다. 라스팔마스에서 다 함께 출항한 ARC 대회 요트들은 대회 첫날과 그 이튿날 두 척을 본 것 외에는 지금껏 한 척도 보지 못했다. 175척의 그 많은 요트는 다 어디로 갔을까?

라스팔마스 → 로드니 베이

2018.12.06. 항해 11일째

이제 대서양 횡단 2,700여 해리 중 반절 항해를 했나 보다.

대서양의 바다는 변화무쌍하다. 별빛이 초롱초롱 예쁘다 했더니 언제 그랬냐는 듯이 30분도 안 되어 갑자기 비가 온다. 천둥 번개로 마음이 심란해진다. 내가 왜 여기에 와있지? 힘들고 몸이 아프니까 갑자기 눈물이 난다. 앞으로 최소한 12일을 더 항해해야 카리브해 세인트루시아에 입항한다. 벌써부터 지치면 안 된다. 정신 차리자. 새벽녘이 되면 비가 그치고, 붉은 태양이 다시 떠오를 것이다.

라스팔마스 → 로드니 베이

2018.12.07. 항해 12일째

칠흑같이 어두운 밤. 간간히 부서지는 파도 소리만 요란한데 별은 유난히도 초롱초롱 빛난다. 유성이 날아간다.

어렸을 적 할머니 집 시골 마당에 모깃불 피워 놓고 멍석 위 할머니 무릎에 누워 별을 세던 생각이 난다. 내가 이곳 대서양 바다 한가운데 와서 항해를 하고 있는 것도 다 할머니 영향이 크다. 할머니는 늘 말씀하셨다. 여자라고 기죽지 말고 살아라 남자 열 몫 하고 살아라. 할머니의 바램이 조금은 이루어졌는지 현재 남자 열 몫은 못해도 그냥 무늬만 여자라는 말은 듣고 살고 있다.

저녁 식사 후 8시쯤 강풍에 자이빙gybing**. 파도는 세고 요트는 제자리를 돌고 솔직히 겁나고 무섭다. 대서양의 바다는 매우 거칠다. 선미에 꽝! 쏴~ 파도가 치더니만 처음으로 온몸에 바닷물을 뒤집어썼다. 내가 지금 뭐 하고 있지? 여기가 어디지?

후진은 없다. 전진만이 살길이다. 항해는 계속되어야 한다.

라스팔마스 → 로드니 베이

2018.12.08. 항해 13일째

새벽 4시, ARC 본부에서 문자가 왔다. 1등으로 도착한 요트가 나왔단다. 총 거리 2,925해리, 소요 시간 13일. 하루 평균 속도 9.4노트. 와! 대단하다. 요트가 이렇게 달릴 수가 있다니. 나는 앞으로 10일을 더 항해 해야 한다. 열심히 달리자.

다음 기항지 카리브해 세인트루시아까지는 1,300여 해리 남았는데 엔진의 말썽으로 배터리 충전이 안 되고 태양광 발전기와 풍력 발

**바람을 등지고 선미의 방향을 트는 것

전기로는 전기가 턱없이 부족하다. 발전기를 가동하기 위해 콕핏 의자 밑에서 꺼내는 순간 갑자기 25노트 돌풍과 함께 큰 파도가 요트 뱃전에 부딪치면서 쾅! 소리가 났다. 순간 선체도 20도쯤 기울고 21kg 되는 발전기와 나는 데구루루 구르다가 간신히 핸들에 걸렸다. 발전기 설치 불가로 인해, 재빨리 오토파일럿을 정지 후 수동으로 항해를 유지하였다. 앞으로 전자해도와 냉장고 등 꼭 필요한 장비들만 전기를 사용해야 할 것 같다.

라스팔마스 → 로드니 베이

2018.12.09. 항해 14일째

생활용수가 바닥이 났다. 돌풍에 바닷물을 뒤집어쓰고도 요트가 흔들려 제대로 씻기가 힘들어 며칠을 물수건으로 대충 닦고 생활했더니 머리가 가려워서 잠도 못 자고 견딜 수가 없다. 바람이 좀 잠잠한 새벽, 9일 만에 겨우 머리를 감았다. 육지에서는 있을 수 없지만 바다 위에서는 있을 수 있는 일이다.

라스팔마스 → 로드니 베이

2018.12.10. 항해 15일째

대서양 바다가 시리도록 맑고 푸른 날. 어디가 하늘인지 바다인지 구분이 되지 않는다.

콕핏에 앉아 스페인 라스팔마스에서 사 온 알밤을 쪄서 까먹으며 갑자기 할머니 할아버지 생각에 울컥 눈물이 난다.

나의 할머니 이름은 김두월 여사. 본명은 따로 있는데 호적 정리 중 이장이 두월리에서 이사 왔다고 두월이라고 올렸다는 슬픈 사연이 있다. 할머니는 늘 말씀하셨다. 여자라고 기죽지 말고 남자 열 몫하고 살아라. 김두월 여사의 바람이 조금은 이루어졌는지 남자 열 몫은 못해도 그냥 무늬만 여자라는 말은 들으며 씩씩하게 살고 있는 것 같다. 그런 할머니 사랑에 겁 없이 세계 일주 중 인지도 모른다.

내가 아주 어렸을 적 오늘처럼 따뜻한 가을날, 마루에 앉은 할아버지가 삶은 밤을 작은 주머니칼로 까서 쟁반에 놓아주면 한 알 먹고 깨금발로 팔짝팔짝 뛰었다. 마룻바닥을 콩콩. 기분이 좋아서 빙빙 돌다 또 한 알 먹고 콩콩. 음식 솜씨 좋기로 소문난 할머니는 알밤 많이 넣고 고소한 까만 흑임자 고명 찹쌀떡을 자주 만들어 주셨다. 찹쌀에 알밤과 감말랭이 썰어 넣고 얇게 켜켜이 얹혀 만든 시루떡. 쫀득하고 달콤한 떡을 먹고 나면 이빨 사이와 입가는 까맣게 묻어 있다. 어머니는 흰쌀밥 위에 노란 풋 알밤을 놓아 주셨는데 알밤만 쏙쏙 골라 먹는 재미가 있었다.

저 멀리 대서양 수평선 너머 하늘에 떠 있는 흰 구름을 바라보면서 조용히 불러본다. 보고 싶어요, 할머니! 할아버지!

라스팔마스 → 로드니 베이

2018.12.11. 항해 16일째

오후 3시. 거대한 청색 빛을 띤 고래 한 마리가 숨비 소리와 함께 나타났다.

물빛에 비친 청 형광색은 처음 보는 광경에 두려운 느낌이다. 요트 주위를 배회하며 계속 따라온다. 쫓아낼 수도 없고 수면 위로 올라오지도 않고, 물을 숨 쉴 때마다 뿜어 올라오는 물빛이 무지개 꽃을 만든다. 돌고래는 너무 귀엽고 예쁜데 고래는 규모 면에서 참 무섭다. 큰 고래가 뛰어올라 요트를 덮치면 큰일이다. 바로 파손되고 수장된다는 말을 들어서 그런지 막상 나타난 고래가 참 무섭다. 금방이라도 점프를 해서 요트를 덮칠 것만 같은 생각이 사라지지 않는다.

라스팔마스 → 로드니 베이

2018.12.12. 항해 17일째

풍속 20~24노트. 바람만 부는 게 아니라 삼각 파도까지 치니 정신이 하나도 없다. 견시 중 콕핏에서 파도를 뒤집어써 생쥐 꼴이 되었다. 이제 서서히 지쳐간다. 3평 남짓 좁은 공간에서 꼼짝 마라 제자리걸음 17일째다. 육지가 그립다. 육지를 걸어보고 싶다.

라스팔마스 → 로드니 베이

2018.12.13. 항해 18일째

오후 해넘이 사진을 찍느라 선수 데크에 나와 봤더니 작은 날치 한 마리가 한 쪽 구석에 날개를 펴고 말라 죽어 있다. 안쓰러워서 멍하니 바라보다 바다에 던져 주며 혼잣말로 중얼거렸다. 다음 생에는 아기 고래로 태어나거라.

라스팔마스 → 로드니 베이

2018.12.14. 항해 19일째

바닷물 빛이 유난히 푸르다. 참 신기하고 오묘한 것이 뭐라 말로는 표현할 수 없을 정도로 아름답다. 대서양 바다는 정말로 넓고 검푸른 청색이다. 사람으로 말하면 젊은 청년들 같다. 기개 있고 멋진 바다라고 표현하고 싶다. 예술가들이 자연에게서 무한한 영감을 받는 이유를 알 것만 같다.

라스팔마스 → 로드니 베이

2018.12.16. 항해 21일째

오늘로서 출항한 지 3주째다. 예상보다 이틀 늦은 19일 즈음에 입항할 것 같다. 무사히 입항했으면 한다. 하나님께 늘 기도합니다. 무사 귀항 해달라고요!!!

세인트루시아가 가까워지니 오후 5시 요트 1척을 발견했다. 파도 사이로 돛 꼭대기만 간신히 보이던 것이 밤이 되자 빨강과 녹색 항해등, 마스트등까지 다 보인다. 반갑다.

라스팔마스 → 로드니 베이

2018.12.17. 항해 22일째

대서양의 검푸른 바닷물에 노랗게 떠내려오는 물체들 가까이 보

말로 표현하기 힘든 바다의 푸른 빛깔

사르가섬 해초

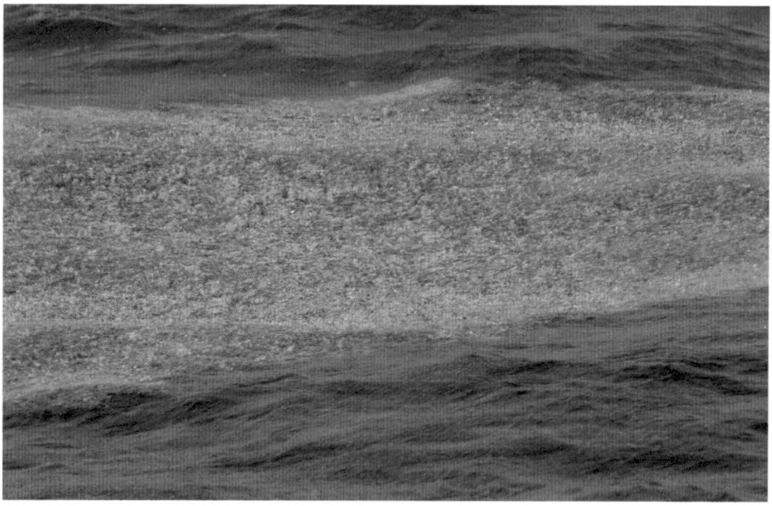

육지라는 착각을 불러 일으키는 해초 무리들

니 해초다. 피해 가려고 하다 보니 항해하고자 하는 방향이 안 맞고 요트가 흔들려서 엔진 시동 후 후진기어를 강하게 넣어 떨어뜨려 버리기를 수십 번. 이제 다 떠내려갔겠지? 했는데 며칠을 가도 끝이 없다.

도대체 이게 뭔가 하고 후크를 꺼내서 건져 올려보니 호랑가시나무 잎 모양의 아주 작은 이파리에 작은 포도알처럼 생긴 공기주머니가 붙어 있다. 줄기와 이파리는 작아도 엄청 억세고 떼어서 하나를 씹어봤더니 톡 하고 터지면서 짭짤하고 생미역 맛이 난다. 먼바다를 바라보니 아직도 온 대서양 바다가 노란 해초 꽃으로 가득하다. 무섭다는 생각까지 든다.

나중에 알게 된 사실이지만, 이 해초의 이름이 그 유명한 사르가섬Sargassum이었다.

사르가섬은 멕시코 만에서 서아프리카까지 약 8,500km 길이의 해상에 뻗어 나 있다. 콜럼버스도 북대서양 항해 중 울창한 갈색 표면이 광대하게 펼쳐진 그 모습을 보면서 육지에 도달한 것이 틀림없다고 생각했단다. 포도알처럼 생긴 수많은 공기주머니로 인해 수면 위로 둥둥 떠다니는 사르가섬. 콜럼버스 일행은 수면 위에 그물처럼 엉겨 있는 이 해초들 때문에 20일이나 고생한 끝에 겨우 그곳을 벗어났단다. 이후 이 바다는 사르가섬의 이름을 따서 '사르가소해Sargasso Sea'라고 불리게 되었다.

라스팔마스 → 로드니 베이

2018.12.19. 로드니 베이 입항

어제부터 지금까지 풍속 7~10노트. 바람이 없어 20시간째 기주 항해를 계속했다.

새벽 4시, 선속 4.5노트로 천천히 세인트루시아 쪽을 향해 가고, 동이 트니 저 멀리 안개 속에 무언가 아련히 보인다. 2해리 정도 남았는데 갑자기 고무보트 1대가 다가오면서 연신 망원카메라 셔터를 누르며 따라오라는 손짓을 한다. 이번 경기의 끝나는 지점 크로스 더 피니쉬라인Cross the finish line 있는 쪽을 안내해 준다. ARC 대회 전속 카메라 기자다.

로드니 베이Rodney Bay 앞, 피니쉬라인을 알리는 노란 대형이 양쪽에 떠 있다. 저기 사이를 통과하고 나면 이번 대회는 끝난다. 대서양 횡단의 종착지다. 내가 그 유명한 ARC 대회에 참석하다니 감개무량하다.

좁은 수로를 따라 한참을 들어가 보니 마리나Rodney Bay Marina는 생각보다 크고 좋은 곳에 위치해 있다. 마리나에 들어서자 노란색 티셔츠 유니폼 차림의 ARC 직원들이 달려와 계류줄을 잡아주면서 입항하는 걸 도와 준다. 주최 측에서 축하 선물로 과일바구니와 세인트루시아 정통술 땅콩 럼주 1병을 건넨다. 달달한 스위트 와인 1잔도 내 손에 쥐어진다. 잊을 수 없는 한 모금.

24일 만에 육지를 밟는다.

로드니 베이

2018.12.20. - 12.29. 기항지에서의 시간

로드니 베이 Rodney Bay
세인트루시아섬의 그로스 아슬렛 지구에 위치한 작은 마을이자 만灣

피니쉬라인을 통과해 앞으로 앞으로

ARC 대회 완주의 순간

12월 21일

오늘 아침 요트 콕핏에서 나를 발견하고는 맨발로 튀어나오는 사람이 있다. 모로코 모하메디아 마리나에서 처음 만나 지브롤터를 향하며 헤어졌던 독일인 요티다. 이곳 로드니 베이 마리나에서 재회하게 되어 서로 반가움을 감추지 못한다. 그 역시 ARC 대회 참가자다. 나보다 앞선 1차 선단으로 카보베르데를 경유해 로드니 베이까지 오는 코스였다고 한다. 드넓은 대서양에서 강풍으로 엄청 고생했다는 얘기를 들려준다. 나 또한 마찬가지. 나는 그물에 걸려 더 고생했다며 한참 동안 무용담을 나눴다.

ARC 사무국의 이벤트로 다 함께 카타마란 타고 앙스 라 레이 마을Anse La Raye Village로 저녁 먹으러 가는 길, 해넘이가 너무나 아름답다. 랍스타와 처음 먹어 보는 게가 테이블에 올려졌다. 밥 대신 랍스터와 게만으로 배를 채웠다. 이어서 원주민들의 환영파티가 벌어졌다. 흥겨운 노래와 함께 정열적이고 관능적인 춤사위를 선보인다. 카리브해에서의 아름다운 밤. 이제 언제 또 다시 만날 수 있을까?

12월 23일

30피트 규모의 작은 요트 하나가 오늘 오후 1시 ARC 대회 피니쉬 라인을 통과했다. 전체 참가자 중 가장 마지막으로 도착한 이 요티를 향해 사람들이 일제히 클락션을 울리며 박수 치고 환호한다. 1등보다 꼴찌가 더 환영받는 이 순간. ARC 대회에 참가해 배우는 것이 너무 많다.

12월 24일

34개국 175여 척의 요트가 참가한 대서양 횡단 랠리 ARC 2018 시상식 및 폐회식이 열렸다. 다 함께 모인 이 자리, 그 누구 한 사람도 소외되지 않고 웃고 즐기는 축제의 현장이 되었다. 참가자인 우리는 모두가 1등이고 지구촌 요티 가족이다.

대회 중 그물에 걸린 거북이를 살려주고 치료해 준 영국 요트 오란 모르Oran Mor 호가 가장 큰 상을 받았다. 가장 먼 길을 돌아온 요트, 최단 거리로 횡단에 요트, 기주 항해를 많이 해서 경유를 많이 소비했거나 반대로 전혀 소비하지 않은 요트, 가장 큰 물고기를 잡은 요트, 사진이 가장 잘 찍힌 요트, 사랑스러운 연인의 요트, 최연소 3세가 참여한 요트, 최고령 82세의 요트 등. 저마다 기념하고 축하할 이유가 충분했다. 그야말로 요트 대회로서 의미 있고 값진 시간이다.

30여 명의 참가자 아이들에게는 완주했다는 수료증을 주었다. 모두 다 수료증을 두 손 높이 펼쳐 들고 좌우로 흔들면서 기뻐한다. 이 아이들에게 있어서는 훗날 그 어떤 수료증보다도 값진 수료증이 될 것이다.

마지막으로 입항한 가장 작은 요트 지로코Zirocco 호가 호명되자 모두 일어나 기립 박수와 함께 수상을 축하했다. 끝까지 포기하지 않고 안전하게 완주했다는 의미가 사실 가장 크다. 나의 경우, 출항 7일 만에 대형 참치 그물에 걸린 극한의 상황에서 헤치고 나와 완주했고 한국 요트 최초로 참가해서 KAPRYS AWARD 상을 수상했다. 진정한 요티란 무엇일까? 이 대회에 참여하며 많은 사람을 만나고 요트 항해에 대해 더 배워가며 깊은 감동을 한다.

한편에서는 대회가 끝나고 나니 다음 기항지로 떠나는 요트들이 보인다. 대부분 카리브해의 진주라는 프랑스령 마르티니크Martinique 공화국으로 간단다. 헤어진다는 것은 어디에서나 서운하고 아쉽다. 떠나가는 요트를 향해 손을 흔들고 눈앞에 안 보일 때쯤이면 뒤돌아서면서 나도 기도를 한다. 안전 항해를 위해서. 그리고 다음에 꼭 만날 수 있게 해달라고.

12월 25일

마리나의 요트에는 저마다 요티들의 취향에 따라 크리스마스트리들이 설치되어 있고, 마스트 꼭대기까지 조명등 불빛이 깜박거린다. 마리나 앞에 임시로 설치해 놓은 무대에서는 뮤지션들이 밤낮으로 크리스마스 캐럴을 부르며 공연을 한다. 맑고 투명한 선율에 요티들도 다 같이 노래를 부르고 춤을 추며 축제를 만끽한다.

노래와 춤에 소질이 없는 나는 근처 바에서 화이트와인 한 잔을 마시며 한여름 밤의 크리스마스를 즐긴다. 마법의 섬에 갇혀 있는 듯한 매력이 가득한 이곳, 카리브해 세인트루시아 로드니 베이 마리나에는 밤새 캐럴이 울려 퍼진다.

로드니 베이 → 카르타헤나

2018.12.30. 세인트루시아 출항

세인트루시아 로드니 베이를 떠나는 날이다. 아쉬운 마음에 아침 일찍 마리나를 한 바퀴 돌며 사진 촬영을 했다. 많은 추억을 쌓고 간다. 다음 항해 때는 더 오래 머물고 싶은 곳이다.

세인트루시아의 유일한 한국 교포 가족인 전 사장님이 떠나는 요트를 보며 아쉬워하였다. 항해 중 먹으라고 조선무 세 봉지와 꽁치 캔 2개, 오크라 씨앗과 파파야 씨앗을 챙겨 주셨다. 감사의 표시로 스페인 란자로테에서 구입한 포도주 한 박스와 태극선 부채를 드렸더니 매우 기뻐하신다.

사무실 직원과 ARC 대회를 통해 알게 된 분들, 마리나에서 지나다니며 만난 요티 분들께도 이제 떠난다고 인사를 했다.

오후 12시 30분 출항.

모두들 안전 항해를 기원하며 손을 흔들어 주었다. 특히 전 사장님은 선물로 드린 태극기를 흔들며 요트가 보이지 않을 때까지 눈물을 훔치며 손을 흔들고 계신다. 나는 큰 소리로 외쳤다.

"다음에 또 만나요! 건강하세요!"

배들의 공동묘지에서 아찔한 순간

로드니 베이 → 카르타헤나

2018.12.31. 항해 중

안개가 뿌옇고 뒤숭숭한 날씨다. 반토막 무지개가 수십 차례 여기저기 나타났다 사라지기를 반복한다. 무지개를 이렇게 많이 보는 날은 처음이다. 요트가 좌우로 앞뒤로 흔들린다. 가끔은 큰 파도가 선미 쪽을 치면서 콕핏을 덮친다. 내 몸에 있는 에너지가 서서히 빠졌나 보다. 간간이 뱃멀미를 한다. 대서양 건널 때만 해도 이렇게 기운이 없지는 않았는데,

원래 계획한 다음 기항지는 세인트빈센트그레나딘St. Vincent & the Grenadines*의 토바고 키스Tobago Cays였으나 맞바람으로 항해가 불가능한 상황이다. 심한 파도와 강풍으로 도저히 나아갈 수가 없다. 날씨를 잘못 체크한 탓이다. 결국 콜롬비아 카르타헤나 쪽으로 선수를 돌렸다.

*세인트빈센트그레나딘(St. Vincent & the Grenadines)은 여러 개의 섬으로 구성된 도서 국가로 추운 겨울을 피해 요트를 즐길 수 있는 관광지다.

로드니 베이 → 카르타헤나

2019.01.01. 항해 중

오늘은 2019년 새해 첫날이다. 검푸른 바다 위 수평선에 해가 밝아왔다. 아침 일찍부터 날치 떼들이 은빛 날개를 펴고 군무하듯 춤을 추며 날아다닌다. 아름다운 카리브해에서 맞이한 새해 첫날이라 감회가 새롭다. 올해는 모든 일이 다 잘 되었으면 한다. 이번 항해를 잘 마무리하고, 책도 내고, 사진 전시회도 열었으면 한다. 꼭 이루어지기를 하나님께 기도한다. 우리 가족이 늘 행복하고 건강하며, 원하는 일들이 모두 이루어지기를 바란다.

초저녁 순간 풍속이 25노트 이상이다. 돌풍을 대비하여 안전하게 미리 돛 조절sail trim을 해 놓는다. 센 바람에 파도가 치면서 선수 왼쪽 스테이에 묶어둔 비상용 20L 물통 2개가 데구루루 소리를 내며 이리저리 나뒹군다. 밤이 깊어지자 언제 그랬냐는 듯이 별들이 하나둘씩 보이고 그들만의 축제다. 누가 봐주는 이도 없고 관심 가져 준 사람이 없어도 언제나 그 자리에 제 역할을 다하는 별들을 보고 있노라면 자연의 순리에 마음이 숙연해진다.

이렇게 별빛 찬란한 날에는 늘 하는 생각이 있다. 과학이 아무리 발전했다고 이 아름다운 밤의 별과 초승달은 도저히 카메라에 담을 수가 없다. 그게 너무 아쉽다. 하나님께서 특별히 나 한 사람을 위해 만들어 주신 무대, 판타스틱한 우주 쇼는 이 세상 그 어느 곳에서도 볼 수 없고, 인간이 만들 수 없는 작품이다. 감히 상상을 초월한다. 동그란 카리브해 원반 위 객석은 돛단배 하나, 관객도 나 혼자다. 내 눈앞에서 별똥별이 우수수 떨어진다.

먹구름

로드니 베이 → 카르타헤나

2019.01.02. 항해 중

새벽부터 레이더 알람 소리 요란하고 선미 뒤쪽에서 먹구름과 함께 비바람이 몰려온다. 재빨리 메인 세일을 축범하고 나니 풍속 23~28노트 돌풍이 반복된다. 변화무쌍한 대서양의 날씨. 사실, 이런 날씨가 아니라면 익스트림한 항해의 묘미가 없다. 요팅은 순풍에 돛 달리기도 좋지만, 이런 강풍과 돌풍을 견뎌봐야 진정 스릴 넘치는 항해의 맛을 느낄 수 있다.

로드니 베이 → 카르타헤나

2019.01.03. 항해 중

밤새도록 비바람 돌풍 풍속 23~31노트.

새벽 내내 바람 소리 파도 소리. 신경 쓰이고 불안하고 초조하다. 바람이 한쪽으로만 부는 게 아니라 삼각 바람이다. 두서가 없다. 프리밴드가 왼쪽에 이어 오른쪽도 끊어졌다. 우선 끊어진 부분을 이어서 묶어 놓고, 왼쪽처럼 예비 로프로 한 줄을 더 만들어 놓았다. 요트 위에서 중심 잡고 움직였더니 마치 롤러코스터에 탑승한 것 같다. 어지럽고 피곤하여 컨디션 조절을 하느라 잠시 눈을 붙인다.

사실 하루 종일 컨디션이 좋지 않았다. 높은 파도에 바람도 세고 정신이 하나도 없다. 두통에 온몸이 쑤시고 어깨까지 아프다. 긴장해서 그런 것인지 지금까지 항해 중 이번 항해가 제일 힘든 것 같다. 서서히 힘이 빠진다. 태어나서 처음으로 아스피린이라는 약 1알을 먹었다. 동전처럼 동그랗고 신맛이 나는 이것의 효능이 나에게 어떨지 몰라 아이들처럼 4등분으로 잘라서 먹었다.

로드니 베이 → 카르타헤나

2019.01.04. 항해 중

*피항지 묘박

폭우에 태풍급 강한 돌풍과 높은 파도로 선체가 금방이라도 부서질 것 같다. 흔들리는 배 안에서 생활하니 체력 소모로 너무 힘이 들어서 피항을 결정했다. 무전기 16번 채널로 안내 요청을 보냈더니 콜롬비아 해양경비대에서 피항지 위치 좌표를 불러준다. 폭우에 칠흑 같은 어둠 속에 해양경비대 함정의 안내에 따라 뒤따라 항해하던 중, 갑자기 수심이 낮아 킬이 걸려서 꼼짝할 수 없게 되었다. 경비대 함정이 앞 닻 옆에 있는 클리트에 로프를 연결해 빼주어 밤 9시 겨우 피항지에 묘박했다.

요트에 해경선을 바짝 붙여서 묶고 젊고 잘생긴 경비대 직원 1명이 우리 요트로 올라와 휴대폰 번역 앱으로 스페인어를 한국어로 번역해 가며 차분하게 잘 대처해 준다. 정말 고마워서 맥주 한 박스, 콜라 두 박스, 카스텔라 열 개를 직원들과 나눠 먹으라고 건네주었다. 배가 고파 신라면을 끓여 먹고 밖에 나가 보니 여기저기 불빛이 번뜩인다. 6척의 배가 이곳에 피항해 있다. 혹시 몰라 레이더 알람 설정을 해 놓고 밤새도록 바깥 상황을 살펴보았다.

먼바다에서는 아직도 바람에 큰 파도가 부서지는 굉음 소리가 들린다.

로드니 베이 → 카르타헤나

2019.01.05. 항해 중

아침 7시 30분, 오랜만에 한식을 차려 먹고 출항 준비를 한다. 어제 도움을 준 콜롬비아 해양경비대에 고맙다는 인사와 함께 지금 출항한다고 무전으로 알렸다.

출항하면서 양옆에 좌초된 배들을 보니 무시무시하다. 해도를 보니 바닷속에도 좌초된 선박 표시가 여기저기 되어 있다. 자동차로 말하면 폐차장 같다. 부서진 배들의 공동묘지다. 멀리 육지에 풍력발전기 수십 대가 서 있는 것으로 보아 원래 바람이 많은 곳이었다. 낮에 이런 모습을 보았다면 아무리 힘들어도 피항지로 선택하지는 않았을 것이다. 소름 끼치고 무섭다. 해양경비대 도움을 받지 않았다면 잘못했다가는 큰일 날뻔했다.

오전 내내 23~28노트의 돌풍이 세차게 불어 댄다. 육지 쪽으로 최대한 붙어 항해 중에 강풍으로 자이빙 후 266도로 항해한다. 오전 10시부터는 바닷물 빛이 변했다. 현재 수심 7m. 수심이 낮아서일까? 이탈리아 판텔레리아에서 본 비너스의 거울 호수처럼 옥빛이다. 저 멀리서 뭔가 요트 쪽으로 헤엄쳐 오기에 바라봤더니 거북이다. 머리를 쳐들고 신기한 듯 빼꼼히 쳐다보면서 어디서 왔소? 하고 묻는 듯하다.

로드니 베이 → 카르타헤나

2019.01.07. 항해 중

피항지에서 출항 2일째, 어젯밤 8시부터 아침 7시까지 강풍으로 꼬박 날밤을 지새웠다. 실내에 있는 물건들이 다 뒤죽박죽 비빔밥이 된 형상이다. 솔직히 날마다 이렇게 항해한다면 그만두고 집에 가고 싶다. 온몸이 천근만근이다.

하나님께 기도한다. 나의 항해 길 편안하게 인도 해주시라고. 좋아서 하는 일이지만 너무 힘들다. 작은 돛단배에서 편안하게 항해를 원한다는 것은 있을 수 없는 일이지만.

로드니 베이 → 카르타헤나

2019.01.08. 항해 중

배들의 무덤

카르타헤나 페스카 마리나Fescar Marina로 항해 중 순간 수심이 낮은 곳에서 모래뻘에 걸렸다. 원주민 돛단배 어선이 손사래치며 그쪽으로 가지 말라고 소리쳤으나 이미 때는 늦어버린 뒤였다. 무전기로 해안경비대를 불러 도움을 요청했으나 감감무소식이다. 최선의 방법으로 요트 무게를 줄이기 위해 싱크대, 화장실, 샤워장의 모든 수도꼭지를 틀어 생활용수 1톤을 다 버리고, 바우 쓰러스터bow thruster, 뱃머리 제어 장치를 사용해 겨우 빠져나올 수 있었다.

로드니 베이 → 카르타헤나

2019.01.09. 카르타헤나 입항

오전 9시, 콜롬비아 카르타헤나 입항.

마리나 사무실에서 소개해 준 에이전시와 통화 후 서류를 들고 출입국 관리 사무소 앞에서 만나기로 한다. 이곳 콜롬비아는 반드시 에이전시를 통해서만 입항이 가능하다. 특별한 것은 없다. 출입국 사무소 직원은 서류 확인 후 여권에 입국 도장을 찍어주고 출항 신고할 때도 에이전시를 통해서 여권만 보내란다.

이곳 카르타헤나 페스카 마리나Club de pesca de Cartagena에는 요트에 관한 여러 용역업체들이 있다. 특히 요트 대청소 대행업체와 보트맨들이 상주하고 있다. 청소 대행업체의 경우 아침 일찍 출근하여 하루 종일 요트를 관리 후 저녁 5시에 퇴근한다. 그들은 어제 우리가 입항하자마자 달려와 계류줄을 잡아주고 입항을 환영한다며 인사를 한다. 그리고는 찾아와서 저렴한 비용으로 요트를 청소해 줄 테니 본인들에게 맡겨 달라고 한다. 마침 요트의 외관 청소를 해야 했고 비용도 괜찮아 알겠다고 한다. 그들은 전문 기계 장비와 약품을 가지고 와서 2시간가량 작업을 하더니 정말 깨끗하게 빛나는 새 요트처럼 만들어 놓았다. 만족스러운 서비스에 나도 모르게 웃음이 나온다.

새벽녘 항구에서 나각을 불어다오

카르타헤나

2019.01.10. - 01.18. 기항지에서의 시간

카르타헤나 Cartagena
콜롬비아 북부, 카리브 해 연안에 위치한 도시

1월 13일

요티들은 늘 만남과 헤어짐의 연속이다.

엊그제 이곳 페스카 마리나에서 만난 여선장이 콕핏을 꽁꽁 싸맨 듯한 이중 창문 지퍼를 열고 명함 한 장을 내민다. 오늘 오후 카리브 해 파나마 산블라스제도로 떠난단다. 오스트리아 빈이 고향이라는 60대 후반쯤 들어 보이는 그녀와 기념사진을 찍었다. 이곳 마리나가 비좁아 출항하는데 좀 불편할 것 같아 옆 요트와 부딪치지 않고 안전하게 빠져나갈 수 있도록 계류줄을 붙잡고 있다가 던져 주며 두 손을 흔들었다. 큰 소리로 "Safe sailing안전 항해!"을 외쳤다.

어젯밤에 입항한 스위스 국적의 요티 부부는 휀더를 다 들어 올리

라고 하더니 좁은 공간에서 계류줄을 요트 클리트에만 묶어 놓고 접안시키는 방법을 가르쳐 준다. 생각보다 쉽다. 새로운 것을 배우니 즐겁고 고마웠다.

1월 14일

카르타헤나 보카그란데 비치Bocagrande Beach는 금빛 고운 모래사장을 볼 수 있는 해변이다. 각국에서 온 카이트서핑 보더들이 원색의 카이트를 펴고 보딩하는 풍경이 과연 서핑 애호가들의 천국답다. 여기저기 해수욕객들 앞에서 수영복 차림으로 정열적인 춤을 추는 무희들도 있고, 아이스크림과 냉커피와 음료를 들고 다니면서 판매하는 상인들도 많다. 길게 늘어선 파라솔이 이색적이다.

1월 18일

마리나에서 택시를 타고 10분 정도 가면 카르타헤나를 대표하는 랜드마크인 시계탑 광장Clock Tower Monument에 도착한다. 시계탑 앞에서 내리면 바로 보이는 곳이 카르타헤나 성곽 도시Walled City of Cartagena, 성벽으로 둘러싸인 역사적 구시가지다. 2년 전에도 이곳 카르타헤나에 요트로 입항해 14일 정도 머문 적이 있다. 그때 하루도 빼놓지 않고 출근하듯 택시를 타고 이곳 시계탑 앞에서 내려 성곽 안에서 시간을 보냈었다.

요즘도 매일 참새가 방앗간 앞을 기웃거리듯 시계탑 광장에 오고 있다. 광장은 여느 때와 마찬가지로 세계 각국의 다양한 관광객들과 잡상인, 그리고 거리 예술가들로 넘쳐난다. 매일매일 다양한 볼거리가 있어 하루가 어떻게 지나가는지를 모른다. 이제 구시가지는 눈감고 다녀도 어딘지 알 것 같다.

2년 전에 알게 된 과일 파는 아주머니도 이번에 다시 만났다. 여전히 카르타헤나 전통 복장을 입고서 예쁘게 장식한 과일바구니를 팔고 있지만, 예전과 다르게 얼굴이 부어 있다. 몸이 많이 안 좋아진 기색이 역력하다. 바구니를 머리에 이고 다닐 때 쓰는 장식 스카프도 다 헤져 있는 것이 마음에 걸려 이곳의 전통 스카프를 사서 선물로 드렸다. 아주머니는 스페인어를 쓰기에 서로 의사소통은 안 되고 대신 손짓 발짓을 동원해 이야기한다. 아주머니가 고맙다는 표시로 핸드폰 번호를 적어주었다. 나중에 한국에 돌아와 이곳에 사는 한국교포 지인을 통해 안부를 물어보니 건강하게 잘 있다는 소식을 들을 수 있었다.

카르타헤나 → 산블라스

2019.01.19. 카르타헤나 출항

카르타헤나를 떠나는 날.

오전 6시 출항 예정이었으나 풍속, 수심, 속도계가 고장 나서 아버지와 아들 엔지니어를 불러서 오전 내내 수리를 했다. 수리가 다 끝나자 태극기를 들고서 부자지간에 기념사진을 찍어달란다. 흔쾌히 찍어주고 출항 준비. 옆에 있는 스위스 출신의 요티가 나와서 계류줄을 잡아주고 잘 가라고 한다. 며칠 후 이들도 나처럼 파나마 산블라스제도로 출항한단다.

카르타헤나 → 산블라스

2019.01.20. 항해 중

너무 덥다. 숯가마 찜질방처럼 덥고 가만히 서 있어도 땀이 줄줄 흐른다.

산블라스제도 무인도의 작은 목선

풍속 17~26노트 너울성 파도 2m. 바람이 왔다 갔다 제멋대로 신경이 쓰이게 한다. 오토파일럿이 풀려서 밤새도록 수동으로 항해했다.

카르타헤나 → 산블라스

2019.01.21. 산블라스 입항

*무인도 앞 묘박

산블라스 San Blas
카리브해에 있는 파나마령의 군도. 360개가 넘는 섬 중 40여 개의 섬에 사람이 거주한다.

오전 9시, 산블라스제도 구냐알라Guna Yala 특구의 무인도 앞에 묘박했다. 먼저 입항한 요트들 20여 척이 여기저기에 보인다.

묘박지 바로 앞 섬에서 쿠나족Kuna Indian 원주민들이 목선을 타고 파나마 전통 자수품을 팔러 왔다. 자수는 필요 없고 바닷가재를 사고 싶다고 하니 내일 오후에 잡아서 가지고 온다고 하면서 뒤돌아 간다.

바다가 잠잠해진 틈을 타 샤워를 했더니 시원하고 살 것 같다. 어젯밤 항해 중 바닷물로 인해 뒤집어쓴 소금기가 깨끗이 씻겨 내려간다. 민물의 소중함을 다시 한번 느낀다. 콜롬비아 카르타헤나에서 이곳 파나마 산블라스까지, 2박 3일의 짧은 항해였지만 피곤함이 밀려와 낮잠 삼매경에 빠졌다.

한참 자고 있는데 누군가 배를 두드린다. 무슨 일인가 싶어 나가보니 옆에 묘박 중인 요트의 할아버지 선장님 세 분이 딩기를 타고서 찾아왔다. 내가 잠든 새 요트가 떠밀려 100m가량 섬 쪽으로 이동해 있었다. 그분들 도움으로 다시 이동 후, 수심 10m 위치에 앙카 체인 50m를 내렸다. 할아버지 선장님들 아니었으면 큰일 날 뻔했다. 이곳에서 좌초라도 된다면 큰일이다.

이곳 카리브해 산블라스에 묘박해 있는 20여 척의 요트는 전부 할머니 할아버지 생활 요티들이다. 딩기 타고 이 집 저 집—이들에게 '집'은 요트다— 마실 다니듯이 놀러 다니는 모습이 보기 좋다. 작은 시골 해변 마을에서 수영도 하고 밤에는 무인도에 텐트도 치고 모닥불까지 피워놓고 와인 파티를 한다.

밤하늘에 마스트 꼭대기 불빛들이 어우러진 풍경이 한 폭의 그림 같다. 미풍 속 바닷물에 비친 별빛이 천상에서 내려온 무희의 몸짓처럼 살랑거린다. 저 멀리 보이는 무인도의 꺽다리 야자나무들이 바람결에 흔들리는 모습도 너무 아름답다. 천국이 따로 없다. 이런 날 이곳에서 함께 하고 싶은 많은 사람들 얼굴이 스쳐 지나간다.

그러나 이곳에 오기까지는 힘든 항해를 해야 한다. 아무나 올 수 없고 요티들만이 올 수 있는 곳, 이곳은 카리브해의 파라다이스다.

산블라스

2019.01.22. - 01.23. 기항지에서의 시간

이곳 무인도에 온 미국인 생활 요티 할머니 2명이 내게 같이 수영하자고 제안했다. 깊은 바다까지 들어가 파도타기를 하면서 즐겁게 수영을 한 후 기념사진을 찍었다. 이들은 파나마 운하 건너 피지 쪽으로 항해할 예정이란다.

앞섬 원주민 2명이 카약을 타고 약속대로 엄청 큰 바닷가재 여덟 마리와 대왕게 한 마리, 커다란 문어 두 마리를 가져왔다. 바닷가재 중에서 제일 크고 실한 두 마리는 껍질을 까서 듬성듬성 회를 썰어 겨자장과 초장에 게 눈 감추듯 먹고, 두 마리는 삶아서 먹었다. 삶고 난 국물에는 신라면을 끓여 모처럼 요티 친구들과 포식을 했다.

1월 23일

오전 10시, 쿠나족Kuna Indian이 사는 반드업Banedup 섬에 딩기를 타고 놀러 갔다. 어제 산블라스제도 입장료를 받으러 요트에 왔던 촌장님이 반갑게 맞아주신다. 전기도 들어오지 않고, 문명의 혜택이라고는 낡고 오래된 일본산 소니 라디오 1대가 전부인 이 섬에는 두 가구, 총 10명의 원주민이 거주한단다.

어린아이들이 타잔처럼 나무 위에 올라가서 긴 로프를 타고 바닷물로 풍덩 빠진다. 두 여인은 해먹에 비스듬히 걸터앉아 제일 편안한 자세로 한 손에는 천을 들고 한 손에는 바늘을 쥐고 쿠나족 전통의상

쿠나족 원주민들이 사는 집

몰라Mola에 사용할 자수와 생활용품에 사용할 자수를 놓고 있다. 남자들은 스노클링과 낚시로 바닷가재, 소라, 고기 등을 잡아서 이곳 산블라스 제도에 입항한 요티들에게 팔아 수입을 얻는다.

촌장 이웃 할아버지가 자신의 집으로 우리를 초대했다. 얼기설기 야자잎으로 지붕을 덮은 집이다. 부엌으로 가니 모닥불에 구운 훈제 생선을 내어주신다. 나무로 얼기설기 짜여진 문을 열어보니 맨땅바닥에 긴 나무토막 의자가 하나 있다. 그곳에 앉아 전통 자수를 놓고 있던 할머니가 까맣게 타버린 내 얼굴을 보시더니 쿠나족 원주민들이 사용하는 빨간색 돌 가루분을 가져 와 양 볼에 곱게 연지 곤지 발라주며 밝게 웃으신다.

이웃 할아버지 할머니로부터 코코넛 1개와 바나나 두 손을 받았다. 저 멀리 무인도로 원주민 목선을 타고 가 따왔단다. 얼마냐고 물으니 손사래를 치신다. 너무 고마운 마음에 이분들에게 저녁 식사를 대접하기로 했다. 요트로 초대해 쌀밥을 짓고, 대게와 월남쌈, 꼬치에 갑오징어와 채소를 꽂아 부친 전, 통영 자연산 미역을 넣은 미역국, 세인트루시아산 땅콩 럼주로 상을 차렸다. 젓가락질이 서툴러서 그렇지 뭐든 잘 드신다. 특히 쌀밥을 제일 좋아한다. 맛있다고 연신 엄지 척을 하신다.

할머니가 내 손목에 직접 만든 행운의 원색 구슬 팔찌를 채워 주신다. 섬으로 돌아가는 길을 배웅하며 맥주 8캔, 물 5리터, 쌀 3kg, 메조 1kg, 태극선 부채 1개를 선물로 드렸다. 옆집과 나눠 드시도록 남은 월남쌈도 전부 싸 드렸다. 내일 새벽 출항한다는 소식을 들은 할아버지께서 나각대왕소라 피리을 주시며 내일 떠난다는 신호로 불어 달라신다. 안전 항해를 위해 기도해 주시겠다며.

산블라스 → 포르토벨로

2019.01.24. 산블라스 출항

새벽 6시, 출항하면서 어제 약속대로 할아버지가 살고 계시는 섬을 향해 나각을 불었다. 갑자기 울컥 눈물이 났다. 사람 인연이란 이런 것인 것 같다. 안전 항해를 하라고 기도해 주신다는 할머니 할아버지의 마음, 그 마음에 답하는 의미로 나는 아프시지 말고 행복하게 잘 살고 계시라고 간절히 빌었다. 새벽이라 다른 요티들이 깰까 봐 원주민이 살고 계시는 섬 쪽으로 바짝 다가가 나각을 불었어도, 소리가 온 산블라스제도에 울려 퍼져서 요티님들이 다 알았을 것이다. 고맙고 또 고마운 분들. 모두 건강하세요!!

파나마 운하를 통과해 태평양 적도 아래로

4장

우리는 태어남과 동시에 여정의 목적지 천국을 향해 가고

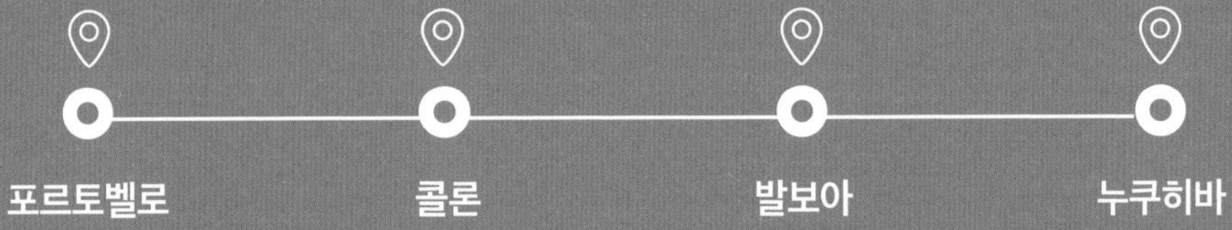

항해 중 포착한 경이로운 순간들을 생생한 영상으로 미리 만나보세요!

만나면 반갑다고 "김치~"

산블라스 → 포르토벨로

2019.01.25. 포르토벨로 입항

포르토벨로 Portobelo
파나마 지협地峽에 있는 항구도시, 콜론주에 속함

어젯밤 린튼 베이 마리나Linton Bay Marina 앞에서 묘박했다가 오후 2시에 출항, 10해리를 더 항해한 후에 4시 40분, 포르토벨로 국립공원 앞으로 입항했다. 산블라스제도에서 만났던 요트들이 눈에 띈다. 100피트 이상 되는 영국, 독일 범선들도 이곳에 입항해 있다.

포르토벨로

2019.01.26. 기항지에서의 시간

묘박지에서 10분 거리에 있는 요트 돛 수리점 카페 카사벨라Casa Vela에 방문하기 위해 딩기를 타고 입항해 망고주스 1잔을 시켰다. 인터넷을 쓸 수 있는 이곳에서는 탁자마다 요티들이 음료수나 맥주 한 잔씩 시켜 놓고 수다 삼매경이 한창이다. 자신이 다녀온 산블라스 제도의 섬들이 더 예쁘다고 자랑 자랑을 하며 서로 핸드폰 사진을 보여주고 해도로 위치를 찍어 준다.

이곳저곳 거닐다 수공예 제품 파는 곳을 발견했다. 파나마 전통의상 몰라Mola에 쓰이는 수공예 자수 기법으로 쿠나족 원주민들이 만든 작품이다. 붉은색, 오렌지색, 또는 검은색 천 위에 원시적이며 기하학적인 디자인과 동물 모양을 수놓았다. 산블라스에서 만났던 할머니 생각이 나 기념으로 두 장을 구입했다.

포르토벨로 → 콜론

2019.01.27. 출항, 입항

허리 통증으로 비행기 타고 한국으로 가야 하나?

원래는 새벽에 출항하려 했지만, 도저히 일어날 수 없을 만큼 통증이 심하다. 어젯밤 비상 대책으로 파스를 붙였다가 되레 더 아픈 것 같아 떼어 버렸다. 아침밥을 먹고 나서 진통제 2알을 먹었다. 아프면 안 된다. 나는 비행기가 아닌 요트로 집에 가야 하는 사람이다. 하나님께 간절히 기도한다.

오전 8시 30분, 포르토벨로에서 겨우 출항해 오후 1시 파마나 콜론의 셸터 베이 마리나Shelter Bay Marina에 입항했다. 사람들이 폰툰으로 달려와 계류줄을 잡고 접안을 도와주며 반갑게 맞이해 준다. 그중에는 한국 사람도 있었다. 한국인 K씨는 요트에 매달린 태극기를 보고 달려나왔다고 한다. 저녁 시간에 다 함께 마리나 레스토랑에서 맥주 한 잔을 마시면서 담소를 나눴다. K씨는 스위스인 남편과 결혼해 딸을 낳았고, 현재는 세 식구가 함께 세계 일주 중이란다. 태평양 건너서 피지 쪽으로 간다고 한다.

콜론

2019.01.28. - 02.01. 기항지에서의 시간

콜론 Colón
파나마 북부 카리브해 연안에 있는 항구 도시, 콜론주의 주도

오늘 밤도 어제와 마찬가지로 허리가 많이 아프다. 일어날 때마다 통증이 심하다. 택시 불러 타고 바지선으로 운하를 건너 1시간 거리 시내까지 갔건만, 병원에서 특별한 치료는 안 해주고 통증 억제 주사와 진통제만 준다. 파나마 한국대사관에 전화를 해보니 친절한 영사님이 다른 병원을 소개해 주며 24시간 아무 때나 전화를 해도 된다고 덧붙이신다.

2년 전 이곳 마리나에서 만났던 요트 선장을 다시 만났다. 세계 일주 후 다시 이곳으로 입항했다고 한다. 그는 매일 아침 요티들에게 무료 요가 강습을 하며 지내고 있었다. 내가 허리가 아프다는 걸 알고는 찾아와 반듯하게 침대에 엎드리라고 하더니만 30~40분 정도 마사지를 해준다. 너무 시원하고 좋다. 사람 인연이란 참 묘한 것 같다. 2년 전에 한번 봤다고 이렇게 친절하게 대해 주고 걱정을 해준다.

요티들의 흔적이 남은 벽면

이곳 셸터 베이 마리나 내에 있는 창고형 요트 세일 수리점 세일로프트SAIL LOFT에는 특별한 공간이 있다. 메인 세일과 제노아 세일 등을 점검하고 찢어진 곳을 수리하기 위해 이곳을 다녀간 많은 세일러들이 기념 삼아 벽에 흔적을 남긴 것이다. 이곳을 다녀간 세계 각국 요티들의 흔적들이 창고형 벽과 실내에 가득하다. 항해 중 잡은 참치 꼬리를 말려서 붙여놓은 사람도 있고, 자국기와 요트 깃발에 사인해 놓은 것, 형형색색의 그림 등 수백 척의 배만큼이나 퍼포먼스도 다양하다. 이곳 사장에게 부탁해 상시 준비되어 있는 페인트 바구니를 들고나와 벽에 태극기를 그리고 사인을 남겼다.

1월 29일

어제 병원에서 받아온 약을 먹고도 꼼짝할 수가 없다. 큰일이다. 이러다가 항해를 포기하고 한국으로 비행기 타고 되돌아가야 하는 것 아닌가? 그럼 항해는 누가하고? 심각하다.

이곳 마리나에는 파나마 운하를 건너고자 모인 요티들이 대부분이다. 이곳에서 에이전시와 협의 후 파나마 운하를 건너는 날짜를 잡고 준비에 들어간다. 2년 전에 파나마 운하를 건너기 위해 한 달 가까이 기다렸던 적이 있어서 이번에는 항해 중 만난 요티님께 부탁해 미리 예약을 해두었다. 그 덕에 지금은 파나마 운하 건너는 일정이 너무 빨리 나와 걱정이다. 일정에 여유만 있었다면 여기서 며칠 더 쉬면서 건강을 회복하고 싶은데 상황이 여의치가 않다.

1월 30일

아침 일찍 버스 타고 택시 타고 파나마시티에 있는 종합병원에 갔다. 접수 후 엑스레이를 찍고 보니 서비스가 병원이 아니라 최고급 호텔 같다. 1인실 병실에 배정 후 간호사 1명이 전담으로 돌보면서 화장실 갈 때도 어깨를 부축해 준다. 통증의 원인은 디스크에 염증이 생긴 탓이었다. 주사 맞고 좀 쉬면 나아질 거라고 하니 천만다행이다. 1시간 정도 링거를 맞고 나왔다.

1월 31일

어제 맞은 주사가 100% 효과가 있다. 아침에 일어나니 언제 그랬냐는 듯 허리 통증이 사라져 태평양 횡단 항해 중에 먹을 김치와 밑반찬을 오늘 준비하기로 한다.

오전 8시 버스를 타고 콜론의 원주민 마을 재래시장에 갔다. 구시가지에 있는 시장은 사람들로 발 디딜 틈 없다. 말 그대로 없는 게 없는 재래시장이다. 정신없이 한 바퀴 돌아보니 야채 가게에 배추와 무 생강 등 파는 곳이 몇 군데 있다. 그중에 제일 싱싱하고 좋은 제품을 골랐다. 이번에는 김치를 좀 많이 담가 놓으려 한다. 배추나 무를 구하기 힘들어서 재료를 구했을 때 많이 담아야 한다. 다음 기항지 어디에서 배추를 구할지 모르기 때문이다. 다음은 소금. 일반 소금을 구하러 몇 군데 다녀도 찾을 수가 없다. 이곳은 채소나 생선을 직접 절여 먹는 식문화가 아니라서 그런가 보다. 어쩔 수 없이 맛소금을 구입한다.

요가 강습을 하는 요티가 김치 담그는 것을 배우고 싶다며 날 찾아왔다. 둘이서 맛소금으로 절인 배추를 씻어 준비하고 김치 소로 사용할 야채를 썰고 있는데, 지나가는 요티들마다 "김치" "김치~"하고 외친다. 특히 아이들 4명을 데리고 항해 중이라는 미국 출신 요트 아가브네Aghavni 호 가족들이 신기하다. 제일 막내 6살 꼬마가 어떻게 김치를 알았는지 김치 김치 노래를 한다. 이럴 줄 알았으면 배추를 더 사왔을 걸 싶다. 비닐봉지에 소분 포장해 나누어 주고, 수고한 요가 요티에게는 한 통을 건넸다. 매우 좋아한다.

저녁 시간, 마리나 레스토랑에서 ARC 대회 직원들과 와인을 한 잔씩 마시고 있는데 요트 아가브네Aghavni 호 아이들 아빠가 자녀 4명을 모두 데리고 우리가 있는 테이블로 왔다. 이들은 내일 갈라파고스섬으로 떠난단다. 김치에 대한 보답으로 직접 덖어서 하나하나 개별 포장한 녹차를 선물로 준다. 아이들도 “김치 고맙습니다” 인사한다. 반가운 한국말이다. 고마운 마음에 아이들에게 태극선 부채를 하나씩 건넸다.

3대의 요트가 나란히 함께

파나마 운하를 통과하다

콜론 → 발보아

2019.02.02. 콜론 출항

*가툰 호수 묘박

파나마 운하Panama Canal는 파나마 지협을 가로질러 태평양과 대서양을 잇는 80km 길이의 운하다. 1년에 평균 1만 5,000척의 선박이 이곳을 지난다고 한다. 이 길고 좁은 파나마 운하를 통과하려면 파일럿 1인, 스키퍼 외 라인 핸들러 4인이 있어야 한다. 뿐만 아니라 작은 요트는 세 척씩 묶어서 항해를 해야 한단다.

에이전시와 협의한 대로 인원을 맞춰 승선하고 마리나 앞에 묘박 후 대기했다. 오후 4시, 나란히 묶인 3대의 요트가 함께 출항했다. 라인 핸들러 중 에릭Eric 사부는 29세로 나이는 어리지만 경력이 무려 11년. 그의 제자 엘리아Elia는 40세에 벌써 손주가 2명이다. 엘리아는 사냥을 좋아하는 아버지 따라 어렸을 적부터 야생 동물을 사냥해 많이 먹었단다. 원숭이, 이구아나, 악어, 사슴, 심지어 고양이까지. 그래서인지 항해 중 파나마 호숫가 숲속의 움직임만 보고도 뭐가 있다는 것을 알고, 손가락으로 방향을 가리키며 동물 이름을 말한다.

저녁 6시 가툰 호수Gatun Lake 입항 후 요트들은 묶여 있던 계류줄을 풀고 파나마 운하 측에서 지정해 놓은 위치에 묘박했다. 저녁 메뉴는 삼겹살 구이와 김치다. 다들 매워서 못 먹는다고 손사래를 치더니 막상 한번 먹고는 맛있다delicioso고 "더 주세요?"를 외친다.

콜론 → 발보아

2019.02.03. 발보아 입항

아침 6시에 일어나 가툰 호수를 사방으로 둘러보니 산꼭대기 인공 호수라 그런지 잔잔하고 조용하다. 밀림 숲속에 새들 소리와 원숭이 울음소리뿐. 민물 위에 있어서인지 습도도 높지 않고 상쾌하고 쾌적해 너무 좋다. 일출도 바다에서 보는 것과 사뭇 다르다. 해가 동그랗게 떠오르자 어제 함께 건너와 묘박하고 있는 요트들이 호수에 비친 반영이 깔끔하고 예쁘다.

오전 8시, 파일럿 승선 후 파일럿의 지시에 따라 다시 요트 3척을 묶고 항해를 시작했다. 파나마 운하 전망대가 있는 아구아 클라라 갑문 방문자 센터Agua Clara Locks Visitor Center에는 수문 열리는 것과 배들이 지나가는 것을 보기 위해 수백 명의 관광객들이 모여 손을 흔든다. 나도 화답으로 태극기를 꺼내 와 어깨가 아플 정도로 계속 좌우로 흔들어 주었다.

나란히 묶여 가는 미국 국적 요트 라베찌Lavezzi 호는 할아버지 선장과 할머니 크루 3명이 항해를 한다. 친한 친구 사이인 이 할머니들은 멕시코를 거쳐 미국으로 간단다. 아직 우리에게는 낯설고 막연히 부러운 모습일 수도 있지만, 한국의 요티들도 곧 이런 날이 오리라 생각한다.

파나마 운하 통과

말로만 듣던 파나마 운하의 모습은 정말 위대했다. 눈앞에 보이는 배들이 아파트 3동만 한 크루즈와 상선들이다. 파나마 운하는 세 개의 관문으로 되어 있어 모두 통과하는데 약 8시간 정도가 소요된다. 오후 4시, 마지막 관문을 통과하자 바다가 보인다. 이제 여기서부터는 태평양이다.

아메리카의 다리Puente de las Américas를 지나 저 멀리 안콘 힐Ancon Hill 꼭대기에 대형 파나마 국기가 펄럭인다. 안콘 힐Ancon Hill 바로 앞 발보아 요트클럽Balboa Yacht Club에 설치되어 있는 부표 하나를 후크로 잡고 묘박을 했다.

라 플라야 마리나

발보아

2019.02.04.-02.06. 기항지에서의 시간

발보아 Balboa
파나마 운하의 동쪽, 태평양 지역에 지어진 아름다운 인공도시

이곳 발보아 요트클럽은 무어링Mooring 방식의 시설이 잘 되어 있어 구조물이나 앵커 부표를 이용해 선박을 고정할 수 있다. 단, 육지로 나갈 때에는 보트 택시를 이용하거나 딩기를 타고 가야 한다는 단점도 있다. 이런 불편함 때문에 5해리 떨어진 나오스섬으로 이동하기로 했다.

오전 8시 40분 출항, 9시 30분 입항. 파나마의 끝 나오스섬에 위치한 라 플라야 마리나La Playita Marina는 파나마에서 가장 아름답고 시설이 잘 갖춰진 마리나다. 2년 전 이곳을 관광하며 정박해 있는 요트들을 부러워했었는데, 이번에는 내가 직접 요트를 끌고 다시 오게 되어 감사한 마음이다.

또한, 이곳은 World ARC 대회의 시작점이기도 하다. 파나마에서 출발해 26,000해리, 15개월이 넘는 기간 동안 말 그대로 세계 한 바퀴를 도는 World ARC. 직원의 말에 따르면 이 대회에 현재 34척의 요트가 참가 신청을 했다고 한다. 참가 요트 대부분은 지난 대서양 횡단 랠리인 ARC 대회에 참가했던 요트들이다. 내가 대회 중 얼굴을 익힌 요티 친구들의 요트도 보였다. 다음에는 나도 꼭 이 대회에 참가하고 싶다.

2월 5일

오늘은 한국의 음력 설이다.

분홍빛 봄꽃이 흐드러지게 핀 아름다운 파나마시티의 라 플라야 마리나에서 한여름의 설날을 보낸다. 어제 준비해 놓은 닭 육수에 떡볶이 떡을 썰어 넣고 떡국을 끓여 부침개와 배추김치로 아침 식사를 했다.

마리나 근처 아마도르Amador 둑길 따라 걷다 보니 커다란 나무에 하얀 꽃이 흐드러지게 피었다. 바닥에도 하얀 무언가가 수북이 떨어져 있어 자세히 보니 목화나무다. 마리나 상가 앞에서는 난생처음으로 세 발가락 나무늘보를 보았다. 눈을 꿈뻑거리며 한 발짝 움직이는 데 1분이 걸릴 정도로 정말 느렸다. 요티들이 여기저기서 나와 신기해하며 나무늘보를 바라보았다.

설날 아침이라 그런지 오늘따라 아이들과 어머니가 제일 보고 싶다. 어머니는 어렸을 적부터 청개구리인였던 나를 가장 걱정하신다. 어머니와 오랜만에 영상 통화를 하고, 작은 화면으로나마 마리나 이곳저곳을 보여 드린다. 잘 있으니 걱정하지 마세요. 앞으로 한 달 후 폴리네시아의 누쿠히바에 입항하면 또 연락드릴게요!!

태평양 바다 위 돛단배 하나

발보아 → 누쿠히바

2019.02.07. 발보아 출항

오늘부터 태평양 횡단 여정이 시작된다.

이제 현지 레스토랑 음식은 한 달 후 프랑스령 누쿠히바에서나 먹을 수 있다 하여 근처 최고급 레스토랑에서 바베큐와 내가 좋아하는 크림파스타를 챙겨 먹고, 오후 3시 30분 출항했다.

발보아 → 누쿠히바

2019.02.08. 태평양 횡단 1일째

태평양 바다의 별빛이 아름답다. 날씨는 한국의 초가을 날씨와 같아 바닷바람이 쌀쌀하고 추워서 바람막이 겉옷과 긴 바지를 입었다.

멀미를 예방하기 위해 키미테를 붙이고 라스팔마스에서 교포 사진작가가 사준 멀미 퇴치 밴드를 착용해도, 항해에 적응할 때까지는 미세한 멀미가 온다. 이럴 때는 잠이 보약이다. 짬이 날 때마다 시간을 내어 잠을 잔다.

발보아 → 누쿠히바

2019.02.09. 태평양 횡단 2일째

날씨가 흐려서인지 2년 전 수술한 발목도 욱신거리고, 비타민과 칼슘제를 먹어서인지 위도 쓰리고 두통도 있고. 만사가 귀찮고 싫다. 이제 고작 이틀 되었는데 벌써 육지가 그립고 많이 힘들다. 엄마가 보고 싶다.

발보아 → 누쿠히바

2019.02.10. 태평양 횡단 3일째

태평양 넓은 바다에서 시리도록 맑고 깨끗한 여명을 뚫고 서서히 수평선과 하늘이 맞닿은 곳에 어둠을 뚫고 해가 강렬하게 떠오른다. 예쁘게 해가 뜬 날은 지는 해도 아름답다. 오늘 해넘이는 오메가다! 해는 어느 각도 어디에서 누구랑 보느냐에 따라 다르다지만 망망대해 항해 중 요트에서 보는 해가 제일 아름다운 것 같다. 힘든 항해 중 자연이 주는 나만의 보너스, 새로운 에너지의 원천이다.

뜨는 해도 지는 해도 다 좋다. 뜨는 해는 오늘의 희망을 안겨주고 지는 해는 내일에 대한 꿈을 주기 때문이다.

발보아 → 누쿠히바

2019.02.11. 태평양 횡단 4일째

피로에 지친 제비 한 마리가 요트 뒤 스테이stays*에 날아와 앉아 밤을 새웠다. 배가 고플까 봐 조와 물을 줘 봐도 먹지 않는다. 그래, 너도 이동할 목적지가 있을 텐데 기왕 이렇게 된 거 같이 가자!

오후부터는 항해하기 최고의 날씨다. 풍속 13~15노트에 선속 6.7~7.6노트를 유지한다. 이런 날에는 항해하는 기분이 난다.

발보아 → 누쿠히바

2019.02.12. 태평양 횡단 5일째

*마스트가 움직이지 않도록 보우와 스턴에서 마스트 꼭대기로 이어지는 장비

잠시 쉬고 새벽에 나와서 보니 제비는 날아가고 없다. 어디로 날아갔는지. 여기서 제일 가까운 곳이 295해리 떨어진 칠레 아니면 330해리 떨어진 에콰도르 갈라파고스다. 작은 제비가 멀리 안전하게 잘 날아갔기를 마음속으로 바란다.

새벽 풍속은 13~15노트, 선속 5~6.5노트다. 선선하고 공기가 맑고, 바람이 살랑살랑 불고 있다.

발보아 → 누쿠히바

2019.02.13. 태평양 횡단 6일째

무역풍**과 조류로 인해 신나는 항해다. 풍속 6.8~8노트, 선속 5~6.5노트다.

참 신기하다. 장거리 항해라 양쪽 물탱크를 꽉 채우고도 추가 식수에 비상 물통, 부식까지 있는데 이런 속도가 나다니? 대단하다. 대자연의 힘이다.

발보아 → 누쿠히바

2019.02.14. 태평양 횡단 7일째

풍속 1~2.5노트, 바람이 멎어 오늘 새벽부터 계속 기주항해다.

쏟아지는 별빛이 바닷물에 비치니 환상이다. 바람이 전혀 없는 완전 무풍이었으면 더 예뻤을걸, 살랑거리는 미풍에도 사진을 못 찍는

**무역풍(貿易風, Trade Wind)은 위도 20도 내외의 지역에서 1년 내내 일정하게 부는 바람이다. 이 바람을 이용해 대륙 간의 교역이 이루어져 '무역풍'이란 이름이 붙었다.

다는 게 아쉽다.

2년 전 남태평양 코스라에 항해 중 전방 100해리에서 보았던 무풍의 낮과 밤은 내가 태어나 본 세상에서 가장 아름다운 풍광이었다. 오늘 바다는 그때의 무풍은 보여주지 않는다. 대신 새벽녘 별들의 축제다. 육지에서는 보지 못한 별들이 깨알처럼 박혀 있다. 이렇게 별들이 많았나? 붉은빛 은하수는 천구天球를 가로지르며 기다란 띠 모양을 하고 있다.

오늘 이 세상에서 제일 크고 멋있는 태평양 수영장 개장이다. 이탈리아 오트란토에서 구입한 진녹색 나뭇잎이 그려진 수영복을 처음으로 차려 입고, 안전 로프가 있는 하네스 착용 후 콕핏 문swimming door을 열었다. 바닷속으로 풍덩! 시원하고 살 것 같다. 눈앞에 보이는 이 넓은 바다가 다 내 것이다. 천국이 따로 없다.

발보아 → 누쿠히바

2019.02.15. 태평양 횡단 8일째

돌고래 떼들이 몰려왔다. 이 돌고래들은 높이뛰기 선수처럼 누가 누가 높이 뛰나 대결이라도 하나 보다. 바람 한 점 없는 무풍에 돌고래들의 높이 뛰기 운동회날. 이보다 생동감 있고 멋있고 좋을 수는 없다. 장관이다. 바다는 거울처럼 반질반질 빛이 난다. 하늘에 뜬 구름을 그대로 반사해 비추고 있다.

발보아 → 누쿠히바

2019.02.16. 태평양 횡단 9일째

적도의 노을

3일째 무풍으로 오늘도 기주 항해 중이다. 풍속 1~3노트, 선속 2.5~3.5노트.

다음 기항지 누쿠히바로 가기 위해선 258° 방향으로 항해를 해야 하나, 바람이 없어 적도 아래 220°로 내려가고 있다. 바람 찾아 헤매다가 오늘 하루에만 적도를 2번이나 통과***하는 해프닝이 있었다.

저녁이 되자 해넘이가 환상이다. 적도 통과를 기념하며 저녁노을을 벗 삼아 와인 한 잔.

***적도는 지구를 북반구와 남반구로 나누는 가상의 기준선으로, 정의상 적도의 위도는 0˚이다. 적도 북쪽의 위도는 N, 적도 남쪽의 위도는 S로 표시한다. 태평양 횡단 9일째, 적도를 통과하며 좌표가 N에서 S로 바뀌는 순간을 경험했다.

발보아 → 누쿠히바

2019.02.17. 태평양 횡단 10일째

무덥고 습한 날씨 탓에 나물에 벌레가 생길까 싶어 요트 선수에 돗자리 깔고 산나물 말리기만 세 번째다. 언제 강풍이 올지 모르니 미리 말려둬야 한다.

강한 햇볕에 습도까지 높으니 엄청 덥다. 피로가 쌓였는지 온몸이 쑤시고 아프다.

발보아 → 누쿠히바

2019.02.18. 태평양 횡단 11일째

태평양 수영장을 개장해 씻고 나오니 시원하고 상쾌하고 기분이 좋다. 그러나 딱 1시간이 지나면 원상회복. 언제 씻었나 싶다. 온몸이 끈적거려 해수 습식 사우나에 있는 듯하다.

발보아 → 누쿠히바

2019.02.19. 태평양 횡단 12일째

적도 부분이라서 밤부터 새벽까지 어제와 같이 바람 한 점 없다. 오전 11시부터 서풍이 불어오더니 오후가 되자 다시 무풍. 세일과 기주 항해를 번갈아 하느라 혼란스럽다.

여전히 습도가 있으나 이제 만성이 되었는지 견딜 만하게 덥다. 2년 전 항해는 4월 중순 무렵이었다. 현재는 2월 중순. 겨우 두 달 차이

인데 느낌이 완전히 다르다. 하기야 이 넓은 태평양 바다가 다 같을 수는 없겠지.

오늘은 음력 1월 15일. 우리의 고유 명절 정월 대보름이다. 오곡밥과 묵나물, 부럼, 귀밝이술을 먹는 날이다. 어제 삶아서 태평양 바닷물에 헹궈 민물에 담가 준비해 놓은 취나물, 산뽕잎순, 다래순은 다시 육수에 들기름, 조선간장 넣고 볶아 양파와 마늘 통깨를 솔솔 뿌려준다. 고사리, 고구마 줄기는 들깨가루 듬뿍 넣고 마지막으로 대파 송송, 통깨를 솔솔 뿌려주면 전라도식 들깨 집탕이 완성된다. 또한 라스팔마스 한국상회에서 구입한 찹쌀과 팥, 모로코 슈퍼에서 구입한 차조, 까만 돈부콩과 어금니콩을 넣고 잡곡 오곡밥을 지었다.

콕핏 탁자에 8가지 나물과 잡곡밥 그리고 부럼은 아몬드, 건포도, 견과류를 대신하고, 귀밝이술은 와인 한 잔과 함께. 최고의 밥상이다. 세계 각국 명절과 음식문화가 달라서 이런 곳에서 이런 음식을 먹는다는 게 뜻깊고 즐겁다.

데크에 서서 빙 둘러보니 망망대해 태평양 원반 위의 정월 대보름이다. 달이 대낮처럼 밝다. 달도 둥글고 바다도 원반처럼 둥글다. 이 세상 모든 사람들이 다 좋은 일만 있고 둥글둥글 살았으면 좋겠다는 생각을 한다. 태평양 바다 원반 위의 돛단배 하나. 이 넓은 태평양 바다에 배 한 척이 없다. 독야청청 달빛에 돛 달리기. 오늘따라 태평양의 달빛이 너무 아름답다.

함께하고 싶은 사람들이 떠오른다.

발보아 → 누쿠히바

2019.02.20. 태평양 횡단 13일째

남서풍이 불어온다. 무역풍이라면 남풍이 불어야 한다. 오후 2시부터 풍속 8~10노트, 선속 5~5.8노트.

오후 내내 태평양 하늘을 수놓은 흰 구름들이 아름답다. 언제부터인가 나는 흰 구름 중에서 가장 예쁜 구름들이 천국에 간 사람들이 구름으로 나타나 나를 바라보고 있다고 생각해 왔다. 할머니, 할아버지, 하늘에 떠 있는 흰 구름을 보면서 혼잣말로 중얼거렸다. 보고 싶어요.

남십자성 아래 나는 정말 행복한 사람

발보아 → 누쿠히바

2019.02.21. 태평양 횡단 14일째

어젯밤까지는 둥근달이 떴는데 오늘은 구름 속에 갇힌 달을 보며 돛 달리기를 한다. 간간이 구름 속을 뚫고 살포시 내비치는 달무리와 출렁이는 바다에 비치는 달빛이 아름답다. 이 장면을 놓치지 않기 위해 흔들리는 대로 사진과 영상에 담았다.

손주 재원이가 보고 싶다. 많이 컸겠지? 아들이 보내준 동영상을 오늘도 보고 또 본다. 영상이 아니라 사진이었다면 진작에 다 헤져버렸을 것이다. 보면 볼수록 더 예쁘고 귀엽다. 나도 어쩔 수 없는 할머니인가 보다.

발보아 → 누쿠히바

2019.02.22. 태평양 횡단 15일째

풍속 8~10노트, 선속 5~6노트. 드디어 무역풍대에 접어든 요트는 물 만난 고기처럼 제 세상이다. 달리고 또 달리고 신났다.

발보아 → 누쿠히바

2019.02.23. 태평양 횡단 16일째

새벽바람이 시원하고 좋다. 습도는 약간 있어도 이 정도쯤이야! 이제 견딜 만하다.

보름이 지난 지 얼마 되지 않아 달빛이 아직 남아 있다. 달빛 속에서 흰 구름들이 미풍에도 어디론가 흘러가고, 밤하늘의 별들은 어제와 같이 각자 위치에서 반짝인다.

이제 서쪽으로, 서쪽으로 가야 우리의 목적지 프랑스령 누쿠히바가 나타난다. 요트는 서쪽을 향해 열심히 달리고, 동쪽 하늘의 샛별 하나가 우리를 따라 쫓아오고 있다.

발보아 → 누쿠히바

2019.02.24. 태평양 횡단 17일째

10분 전까지만 해도 바람이 없어 못 가겠다고 버티던 요트가 순풍에 돛 달리기를 시작한다. 풍속 10~13노트, 선속 6~7.5노트.

예쁘게 잘 달린다 싶어 아침을 먹고 한숨 자고 일어났는데, 밖에 나가보니 이슬비와 함께 거친 숨을 내쉬며 힘겹게 제자리걸음을 하는 요트. 이리저리 흔들리고 있다. 다시 풍속 4~5노트 엔진을 켰다. 잘 좀 가자, 어서 가자. 해도를 보니 거리상으로는 아직도 누쿠히바까지 절반도 닿지 못했다. 종잡을 수 없는 태평양 항해 지난번하고는 확연히 다르다.

항해에서 중요한 자세는 자연의 위대함을 있는 그대로 겸허히 받아들이고, 편안한 마음으로 한없는 인내심으로 갖는 것이라고 생각한다. 이제 17일째. 앞으로도 스무날은 더 항해를 해야 할 듯 하다.

사진 찍을 겸 데크에 나갔더니 오늘은 날치가 아니라 오징어 새끼 한 마리가 메인세일 아래 누워 있다. 여기까지 어떻게 날아왔을까? 갈매기가 잡아서 먹다가 실수로 떨어뜨렸을까?

발보아 → 누쿠히바

2019.02.25. 태평양 횡단 18일째

출항 시 생활용수를 양쪽에 200리터씩, 총 400리터를 채워 항해를 하지만 그걸로는 턱없이 부족하다. 해서 물을 아껴 써야 한다. 바닷물을 민물로 만드는 워터 메이커가 없어 가끔 소나기 오는 날에는 집수조를 만들어 빗물을 받아 사용하기도 한다.

마침 어젯밤부터 계속 비가 내린다. 생활용수용 빗물을 받기 위해 양동이를 스테이에 휀더 묶기로 두 줄로 묶었다. 빗물이 줄을 따라서 제법 많이 고였다.

빗물 받기 편하게 낮에는 데크에 집수조용 천막을 치고 생활용수

집수조

를 받기도 한다. 천막에 호스를 꽂고 그 호스를 물통에 연결하기만 하면 된다. 그러나 바람이 불고 파도가 치는 날에는 아무 소용이 없다. 바람에 날리고 흔들려서 하늘 높이 날아가고 아수라장이 되는 집수조 천막.

오늘은 마음먹고 1.5리터 페트병 8개를 잘라서 겹치기 연결 후 물받이를 만들어 콕핏 지붕 맨 끝에 길게 설치 후 집수조를 만들었다. 총 30리터의 물을 얻어 마음이 여유롭다. 페트병으로 집수조를 만드는 아이디어는 특허를 내도 되겠다는 생각이 든다. 바람 불어도 떨어지지 않고 비닐 위에서 내려오는 빗물이 잘 받아지고, 거기다가 이렇게 깨끗할 수가 없다.

저녁 11시부터는 먹구름에 풍속 21~25노트의 돌풍. 소나기가 계속 내린다. 제노아를 접어놓고 메인 세일을 축범 후 선속 4~5노트를 유지한다. 비가 와서 즐거운 날. 생활용수를 받아서 수통에 다시 채운다.

발보아 → 누쿠히바

2019.02.26. 태평양 횡단 19일째

누쿠히바까지 총 3,812해리 중 1,900해리를 지났으니 거리상으로 절반까지 왔다. 구름 속에서 나타난 달빛과 별빛을 벗 삼아 요트는 미끄러지듯 서쪽으로 서쪽으로 달리고 있다. 풍속 15~20노트, 선속 5~7노트. 태평양 항해 중 최고 좋은 세일 바람이 분다.

블루투스 스피커를 통해 가수 이문세 님의 노래를 듣는다. 반가운 목소리가 온 태평양 바다에 울려 퍼진다.

나는 정말 행복한 사람.
이 세상에 그 누가 부러울까요. 나는 지금 행복하니까.
*이 세상에 그 누가 부러울까요. 나는 지금 행복하니까.**

발보아 → 누쿠히바

2019.02.27. 태평양 횡단 20일째

풍속 10~15노트, 선속 5~7.5노트.

며칠째 남풍에 세일 각도는 그대로다. 돛 조절을 할 필요가 없다. 몇 날 며칠 같은 방향으로 바람이 불어온다. 순풍에 돛 달리기. 이게 무역풍이다.

요즘은 아침마다 날치 장례식이다. 오늘 아침도 콕핏에 날치 두 마리를 발견했다. 새벽에는 분명히 없었는데 튀어 오른 지 얼마 안 되었나. 눈망울이 또렷하고 나를쳐다 보는 눈빛이 슬퍼 보인다. 운명의 장난 같다. 왜? 하필이면 이때 튀어 올라와서? 마음이 아프다.

발보아 → 누쿠히바

2019.02.28. 태평양 횡단 21일째

와인 한 잔과 함께 2월의 마지막 밤을 보낸다.

한국에서는 볼 수 없고 남방구 적도 아래에서만 볼 수 있다는 별자

---

*이문세 <나는 행복한 사람(1983)>

리 남십자성**이 남쪽 수평선 바로 위에 떠 있다.

발보아 → 누쿠히바

2019.03.01. 태평양 횡단 22일째

20여 일 만에 처음으로 상선 1척을 봤다. 무전기로 불러도 소식이 없고 AIS에도 나타나지 않는다. 항해 장비를 꺼놓고 다니는 듯하다.

발보아 → 누쿠히바

2019.03.02. 태평양 횡단 23일째

새벽 3시부터 6시까지, 좌현 적색 그리고 우현 녹색 항해등의 불빛 속에 어둠을 뚫고 요트는 풍속 11~15노트, 선속 5~6노트로 순풍에 돛달리기를 잘 해내고 있다.

새벽 5시경 동쪽 수평선 위 하늘이 해가 뜨는 것처럼 잔잔히 비친다. '이 시간에 벌써 해가 뜨는 걸까?'라고 문득 생각이 들었는데 잠시 후 커다란 샛별 하나가 붉은빛을 내며 천천히 떠오른다. 조금 후 초승달도 눈썹을 그리는 듯 선명히 떠오르다 이내 검은 구름에 가려 자취를 감춰버렸다. 순간 갑자기 레이더 알람이 울리더니, 풍속계가 20~25노트를 가리키고 비바람에 파도까지 휘몰아쳤다.

하루에 몇 번이고 변화하는 역동적인 태평양의 날씨는 신비롭고

**남십자성(Southern Cross : 남반구에서는 1년 내내 볼 수 있으며, 북반구의 북회귀선에서는 겨울과 봄에 몇 시간가량 볼 수 있다. 북위 33도 이남에서만 보이기 때문에 한국의 위도에서는 보이지 않는다. 열 십(十) 자 모양이 정확히 정남 쪽의 방향을 기리키는 것은 아니지만 매우 근접해 있기에 대항해시대 이래 뱃사람들의 방향 확인의 길잡이가 되어 왔다.

오묘한 느낌까지 든다. 같은 바다와 하늘이라도 빙 둘러서 시시각각 변화무쌍하다. 갑자기 좌현 적색 항해등의 불이 꺼지며 고장이 나버렸다. 강한 파도에 노출되어 부식으로 인한 접촉 불량의 원인으로 보인다. 이럴 때 추천하지는 않지만, 긴급한 상황에서는 그래도 효력 있는 방법이 하나 있다. 안전용 하네스를 착용하고 라이프 라인에 고리를 걸고 한발 한발 천천히 요트의 선수로 전진하여 항해등을 망치로 두들겨 주니 정상으로 돌아왔다.

발보아 → 누쿠히바

2019.03.03. 태평양 횡단 24일째

아침부터 서서히 바람이 죽더니 풍속 6~9노트 무풍이다. 오후부터는 기주 항해.

2017년 5월의 항적을 찾아보니 이 구간이 7일 동안 무풍지역이었다. 잘 빠져나가야 할 텐데 걱정이다. 현재 경유 재고량은 165리터. 태양광이나 풍력발전기가 따로 없으니 남은 거리 1, 223해리를 남은 경유로 전기를 만들어 내며 무풍에 대비해야 한다.

항로 결정으로 고민이 많다. 무풍지대가 어디서 나타날지 모르니 목적지까지 최단거리로 비스듬하게 내려가는 게 좋을 듯하다.

발보아 → 누쿠히바

2019.03.04. 태평양 횡단 25일째

달빛 별빛도 없는 칠흑 같은 어둠 속에 생각이 깊어진다. 풍속

11~15노트, 선속 5~6노트. 각도는 268도로 가야 하나 약간 비스듬히 262도로 가고 있다. 이렇게 내려가면 별 지장은 없다. 지금껏 항해 중 내 생각이 틀린 적은 없다. 나는 내 생각이 옳다고 판단하면 끝까지 밀어붙인다. 만약 100여 해리를 남겨둔 상황에서 경유가 바닥 나고 무풍 속에 빠진다면 큰일이다. 2년 전 코스라에섬 전방 50해리에서 경유가 떨어지고 무풍 속에 빠져 현지 해경이 동원되어 경유 20리터 두 통을 배달해 준 적이 있다. 한국 돈으로 200만 원 거금이 들었다.

오늘부터 낮에는 전기 절약을 위해서 알람과 AIS를 껐다. 오후 내내 요트는 태평양 바다를 스케이트 타듯 파도 사이를 잘도 피해 달린다. 우주 대자연의 오묘함을 다시 한 번 느낀다. 바람이 불면 부는 만큼 달리고, 파도가 치면 파도친 만큼 뒤로 물러서고. 서둘지도 않고 욕심부리지 않고 자연의 순리대로 겸허히 돌고 도는 태평양 바다.

시차로 오늘부터 다시 1시간을 앞당겨 조정했다. 이번 태평양 항해에서 총 3시간이 앞당겨진다.

발보아 → 누쿠히바

2019.03.05. 태평양 횡단 26일째

어둠 속에 빛나는 새벽 별 하나. 언제나 그 자리에 그대로 나를 반겨주고 새벽 항해를 하는 나를 지켜준다. 이 별빛이 있어 새벽 항해는 늘 즐겁다. 수평선 너머 아무도 없는 끝없이 드넓은 바다 한가운데 나와 새벽녘 별들과 여명이 있는 이 시간이 나는 좋다. 이 넓고 넓은 우주공간과 태평양 바다의 질서. 그 질서 속에 이루어진 대자연의 법칙. 그 법칙을 따랐기에 수 천 년 수억 년 변함없이 오늘에 이르렀다고 생각한다.

경유 절약 차원에서 3일째 수동 항해 중이다. 수동 항해를 하다 보니 손바닥과 팔이 너무 아프다. 면장갑을 꼈는데도 아프다. 다음 기항지에서는 요트 용품점에 가서 항해 전용 가죽 장갑을 사야겠다. 몸살 나기 직전이다.

힘들어도 하늘을 보면 마냥 황홀하다. 그믐날이라서 별이라고 생긴 별들은 아기별까지 다 나와서 운동회나 학예회 별 자랑을 하는 듯하다. 육지에서는 이런 별들의 잔치는 볼 수가 없을 것이다. 별들의 축복 속에 요트는 풍속 15~20노트, 선속 5~6노트. 우측에는 북두칠성이 보이고 좌측에는 남십자성이, 그 위에는 은하수가 보인다.

이 넓은 태평양 바다 위 별들의 잔치 아래 돛 달리기를 하는 사람이 세상에 몇이나 될까? 갑자기 힘든 것도 사라지고 어깨가 으쓱 기분이 좋아진다.

발보아 → 누쿠히바

2019.03.06. 태평양 횡단 27일째

스콜성 소나기와 돌풍. 순간 풍속 27노트로 태평양 항해 중 처음으로 강한 돌풍이다. 평소에는 비바람이 불어도 조용하기에 돛 조절을 안 하고 있다가 난리법석이다. 재빨리 제노아와 메인세일을 조절하고, 엔진을 켜 냉각수가 나오나 확인 후 기주 항해를 시작한다.

발보아 → 누쿠히바

2019.03.07. 태평양 횡단 28일째

칠흑 같은 어둠 속 이 넓은 태평양에 요트 한 척, AIS 화면에도 배라고는 한 척도 안 보인다. 항해등 불빛과 하늘에 떠 있는 수많은 별이 전부다. 오늘도 남쪽에는 남십자성과 북쪽에는 북두칠성의 호위를 받으면서 나는 요트를 몰고 서쪽으로 서쪽으로 파도를 가르며 달리고 있다.

오늘로 7일째 샤워를 못 했다. 가끔은 머리를 스님들처럼 깎고 다니면 좋을 것 같다는 생각까지 한다. 태평양 바다에서 이처럼 오랫동안 샤워와 머리 못 감기는 처음이다. 너무 힘들어 파도가 없는 틈을 타서 늦은 밤 머리 감고 샤워를 했더니 살 것 같다. 태평양 바닷바람이 머리를 한 올 한 올 세면서 말려준다.

발보아 → 누쿠히바

2019.03.08. 태평양 횡단 29일째

새벽 3시부터 아침 6시까지 풍속 11~16노트, 선속 5노트.

흐린 날씨 탓에 별도 없고 캄캄한 어둠뿐. 불빛이라고는 요트 선수의 녹색, 빨간색 등과 선미의 백색 등뿐이다. 간간이 불어오는 바람이 시원하고 살갑고 참 좋다. 가져갈 수 있다면 이 바람과 공기를 가져가 모든 사람에게 나눠주고 싶다. 태평양 바다를 둘러싼 대기 하층부를 구성하는 무색, 무취의 투명한 공기. 세상 어느 곳에도 없을 것 같은 이 바람과 맑은 공기는 정말 좋다. 말로는 표현할 수 없다. 끈적임도 없고 이렇게 좋을 수가? 이 맑은 공기를 마시면 어떤 환자들이라도 다 나을 듯하다.

발보아 → 누쿠히바

2019.03.09. 태평양 횡단 30일째

좁은 배 안에서 맨발로 생활한 지도 벌써 30일째다. 발바닥을 보니 거실이나 콕핏이 마룻바닥이라서 군살이 박혀있다. 작년 12월 대서양 횡단 23일, 그리고 재작년 태평양 횡단 34일, 맨발로 생활할 수밖에 없는 그 시간들은 별것 아닌 것 같지만 나에게는 의미 있는 시간들이다.

오전 8시부터 11시까지 3시간 수동 항해를 시작하였다. 바람 방향이 안 맞아 걱정이다. 동남풍에 풍속 15노트. 런닝running으로 각을 잡아 목적지 370도로 가니 선속 3노트로 움직인다. 피로가 몰려오고 마음이 약해진다.

발보아 → 누쿠히바

2019.03.10. 태평양 횡단 31일째

새벽 바람이 온몸에 와 닿아 시원하고 보드랍고 살갑다. 참 좋다. 어렸을 적 여름 툇마루에 누워 있는 나를 다독거려 주시는 할머니 손길 같다.

풍속 8~12노트, 선속 2노트. 요즘 들어 최고로 느리게 항해 중이다. 돛은 펄럭이고 펀칭까지 친다. 가끔 레이더 알람 소리에 확인해 보면 아무것도 없다. 기주 항해를 해야 하나 경유를 아껴야 하니 그럴 수도 없다. 난감하다.

발보아 → 누쿠히바

2019.03.11. 태평양 횡단 32일째

정말 큰일이다. 이렇게 가다가는 경유가 다 떨어지겠다. 누쿠히바까지는 아직도 340마일이나 남았다. 무슨 방법이 없을까? 옛 선원들은 무풍이 호환 마마보다 더 무섭다고 했다는 말이 실감 난다. 한국 시간으로 오후 5시, 요티 L 씨에게 위성 전화로 현재 무풍에서 어느 방향으로 가야 빠져나갈 수 있나 확인을 요청했다. L 씨가 이야기하길 이 지역이 전부 무풍이란다. 지금 풍속 10노트. 13일부터는 풍속 20노트로 바람이 있으니 그때까지 기다려야 한다.

발보아 → 누쿠히바

2019.03.12. 태평양 횡단 33일째

이번 항해 중 신경을 너무 많이 써서인지 나이 탓인지 머리가 하얗게 흰서리가 내린 것 같아 두 달 만에 염색을 했다. 남의 나라 남의 집에 갈 때는 최대한 깔끔하게 하고 가는 게 예의라고 생각한다.

발보아 → 누쿠히바

2019.03.13. 태평양 횡단 34일째

아침 7시부터 비바람에 돌풍으로 항해가 쉽지 않다. 또 하루가 늦어져 목요일 밤 늦게나 누쿠히바섬에 입항할 것 같다. 누쿠히바섬을 눈앞에 두고 이렇게 늦어지니 더 멀게 느껴진다.

어제부터 우현과 좌현으로 왔다 갔다 만새기 한 마리가 바짝 붙어 계속 따라온다. 등과 지느러미는 형광 청색빛이고 뱃살 부분과 꼬리는 맑고 예쁜 노란색이다. 이 지구상에 만새기의 호위 속에 항해하는 요트는 몇 척이나 될까? 참 행복한 일이다.

발보아 → 누쿠히바

2019.03.14. 태평양 횡단 35일째, 누쿠히바 입항

저녁 8시, 누쿠히바Nuku Hiva 타이오하 만Taioha'e Bay에 들어왔다. 서치라이트로 비추니 요트가 여기저기 30여 척 묘박되어 있다. 속도를 줄이고 1년 10개월 전 입항한 항적을 보면서 항로와 암초 지역을 약간 벗어난 곳에 닻을 내렸다. 깜깜해서 육지는 아무것도 안 보인다.

총 항해 거리 4,015해리, 태평양에서 가장 긴 구간 항해가 끝났다.
파나마 발보아를 출항한 지 35일 만이다.
긴장이 풀렸는지 피로가 몰려와 금세 잠에 빠져들었다.

잘 먹어야 집 간다 2

항해의 묘미, 다국적 재료로 만드는 퓨전 한식 레시피

소면 대신 파스타면으로 비빔국수를 만들고, 녹색빛 영롱한 지중해 홍합으로 미역국을 끓인다. 낯선 나라의 식재료를 활용해 자신에게 친숙한 음식을 만들어 보는 것도 요티 생활에서 빼놓을 수 없는 즐거움이다. 아몬드와 건포도는 부럼, 와인은 귀밝이술이 되어주었던 태평양 바다 위 대보름날 저녁은 잊을 수 없는 추억이 되었다. 꿩 대신 닭? 아니, 닭 대신 꿩! 다국적 재료들로 차린 항해자의 식탁을 소개한다.

어떤 채소든, 보이면 김치

한여름의 통배추

입항 후에는 구글 지도를 통해 근처의 마트와 시장을 검색한다. 특히 아시안 마트나 한인 마트가 있는지 체크하는 것은 필수.

몰타의 엠시다에 머물 때도 1.5km 떨어진 곳에 아시아 푸드 스토어Asia Food Store가 있기에 바로 달려갔다. 웬만한 한국 음식 식재료는 다 갖췄는데 그중에서도 내 눈을 번쩍 뜨이게 하는 것은 통배추. 한국의 김장배추와 똑 닮은 통배추를 지중해 섬나라에서 만나게 될 줄이야.

딱히 배추가 맛있을 거란 기대는 하지 않고 15포기를 사서 담갔는데 먹어보니 딱 한국산 고랭지 배추 맛이다. 너무 맛있다. 무더운 8월의 배추가 이렇게 아삭하고 고소하다니. 집 떠나와 처음 먹는 생김치, 그것도 갓 담근 김장 김치를 먹는 듯한 맛에 더 많이 사다 담글 걸 하는 아쉬움마저 들었다.

모로코산 빨간 풋고추

모하메디아에서 장을 보던 중, 잎은 없고 뿌리만 남은 총각무와 동그란 순무, 빨간 풋고추가 보여 커다란 봉지로 두 봉지를 샀다. 택시 타고 요트로 돌아와 빨간 풋고추를 믹서에 갈고 생강, 마늘, 찹쌀 풀, 멸치 액젓을 넣어 순무&총각무 김치를 담갔다. 한국식 양념은 다 넣었는데 빠진 것은 새우젓 하나. 그래도 매콤하고 너무 맛있다. 특히 모로코산 빨간 풋고추는 가죽이 두껍고 매콤하고 달달해 한국산 풋고추와는 다른 매력이 있었다. 이렇게 어딜 가나 사람 사는 곳이라면 살아가는 방법이 다 있는 법이다.

지중해 양파

마요르카의 슈퍼마켓에서 줄기와 잎이 붙어 있는 양파를 발견했다. 지중해의 강한 햇빛 때문인지 줄기와 잎은 약간 질기지만, 아삭거리는 식감이 정말 좋았다. 생강을 듬뿍 넣어 양파김치를 담갔다. 양파김치는 갑오징어나 삼겹살과 함께 먹으면 특히 더 맛있다.

생선은 회 썰고 끓이고

참치

항해자에게 참치는 친숙한 식재료다. 직접 배 위에서 낚싯대를 드리워 팔뚝만 한 것을 낚기도 하고, 해안가에서 선원들을 통해 싼값에 얻기도 한다. 라스팔마스에서 한국상회를 운영하시는 교포 여사장님께서 챙겨 주신 참치 뱃살은 내가 먹어 본 참치 중 단연 최고의 맛이었다. 랩에 싸서 냉동해 두신 걸 세 묶음이나 선물로 받았으니 감사한 마음으로 알뜰살뜰히 챙겨 먹었다.

참치는 다른 생선들과 달리 해풍에 꾸들꾸들 말릴 수가 없으니 우선은 신선할 때 회로 잔뜩 먹는다. 나라마다 먹는 법이 조금씩 다르니 참기름장에도 먹고, 와사비 간장에도 먹고, 그리스 출신 요티에게 배운 깔라만시 소스에도 찍어 먹는다.

그렇게 먹고도 남는다면? 김치찌개가 답이다. '참치캔'이 아닌 진짜 참치 넣어 끓이는 김치찌개는 특별한 별미다. 특히 옐로우핀(황다랑어) 참치로 끓인 김치찌개는 유난히도 맛이 좋았다. 가끔은 달걀물 입혀 전으로 부쳐 놓아도 훌륭한 반찬이 된다.

홍어

모로코 사람들도 홍어를 먹는다는 것은 항해를 하며 새로이 알게 된 사실이다. 모로코산 홍어는 한 마리에 8천 원 정도로 값도 저렴하다. 전라도가 고향인 내가 이 홍어를 어찌 그냥 지나칠까. 모로코산 홍어로 손맛을 발휘해 전주식 홍어회무침을 만들고, 칼칼한 홍어탕도 함께 곁들였다.

모로코에 머무는 동안 나는 '타진Tagine' 사랑에 빠져 있었다. 타진은 모로코 전통 냄비 요리의 일종으로 양고기 타진, 야채 타진 등이 있다. 모하메디아의 마리나에서도 마라케시 사하라 사막에서도, 어딜 가나 타진만 먹었는데 알고 보니 해산물 타진에는 홍어가 들어가기도 한단다. 나중에 요트 타고 다시 모로코에 가게 되면 홍어 타진 요리법도 배워볼 작정이다.

우선은, 목포항에 입항해 걸진 홍어 요리 한 상부터 푸지게 먹고 난 후에.

바다 위의 누들 로드

홍합 듬뿍 칼국수

영국령 지브롤터 공항 옆 마트에서 사 온 홍합 2kg을 삶아 국물을 내고, 껍데기는 까서 살만 넣어 칼국수를 끓였더니 너무 맛있다. 시원한 국물 맛도 일품이고 면도 탱글하다, 유럽의 밀가루는 찰지고 쫄깃쫄깃해서 직접 손반죽해 칼국수를 밀어 놓으면 잘 불지도 않고 한국의 여느 맛집 칼국수보다도 맛이 있다. 여기에 직접 담근 배추김치까지 곁들이면 세상 부러울 것이 없다.

달콤한 팥칼국수

팥칼국수는 기항지에서나 바다 위에서나 이번 항해 내내 정말 여러 번 해 먹은 음식이다. 필요한 재료는 곳곳에서 조달했다. 라스팔마스 한국상회에서 사 온 팥을 삶은 후 영국령 지브롤터 마트에서 사 온 도깨비방망이로 갈아놓고, 세인트루시아산 밀가루 반죽을 크로아티아 올리브나무 도마 위에서 밀고 썰어, 다 끓고 나면 콜롬비아 마트에서 구입한 히말라야산 소금과 설탕으로 간하는 식이다.

칼국수 반죽을 밀 때 나만의 비법은 피자 도우용 밀대를 사용하는 것. 이 또한 영국령 마트에서 구입한 것인데, 힘 하나 안 들이고 쑥쑥 잘 밀어져서 편하고 좋다. 혹시 밀대를 구하지 못했더라도 포기하지는 말 것. 이탈리아 판텔레리아산 포도주병으로 반죽을 미는 것도 충분히 즐거우니까.

다국적 재료와 도구의 연합으로 완성한 팥칼국수 한 그릇. 태평양 한가운데서 보드랍고 달콤한 면발 한 가닥 들어 올리며, 어렸을 적 비오는 날 어머니가 해주시던 팥칼국수의 추억에 젖는다.

실전 tip

휴대용 가스레인지가 없었다면 이 긴 항해를 어떻게 버틸 수 있었을까?

요트 안에도 기본적인 주방 설비가 갖춰져 있지만, LPG 가스 주입 꼭지(마개)가 국가별로 사이즈가 달라 사용이 불가하거나 가스가 전부 소진되는 등, 특수 상황은 언제나 벌어진다. 심지어 강풍으로 인해 가스레인지 설비가 파손되기도 한다.

만약 가스레인지가 고장 나거나 없을 시 생쌀이나 생고기를 먹을 수도 없고 어떻게 했을까 상상해 본다. 라면은 온수에 불려 먹고, 과일을 갈아 오트밀과 함께 섞어 먹고, 건미역으로는 냉국을 만들어 먹고, 냉동 참치는 전부 회로 썰어 먹고, 채소는 생을 씹어 먹고 ... 남은 비스킷과 초콜릿으로 버티고 버티다 결국엔 날달걀 한 알씩 깨뜨려 먹으며 연명해야 했을지도 모른다.

13,000원짜리 한국산 휴대용 가스레인지의 가치는 값으로 다 환산할 수 없을 정도다. 혹시 한국에서 챙겨오지 못했다면 기항지에서라도 꼭 구입하자. 큼직하게 한글로 적힌 '부르스타' 글자는 타국의 마트에서도 찾을 수 있을 것이다.

남태평양에서 날짜 변경선을 지나

5장

그런데 내가 올해 몇 살이었지?

항해 중 포착한 경이로운 순간들을 생생한 영상으로 미리 만나보세요!

폴리네시아의 수호신, '티키'를 찾아서

누쿠히바

2019.03.15. - 03.19. 기항지에서의 시간

누쿠히바 Nuku Hiva
남태평양 폴리네시아 마르키즈 제도에 속한 화산섬 군도 중 하나

봉쥬르Bonjour 누쿠히바Nuku Hiva!

입항 1일 차, 새벽에 일어나서 바라보니 요트들이 밤에 본 30여 척이 아닌 50여 척 묘박되어 있다. 모두 태평양 건너 파나마로, 아니면 파나마에서 이곳으로 입항한 요트들이다. 이곳은 마리나가 없어 육지와 거리가 가까운 장소에 묘박 후 딩기에 바람을 넣어 이동해야 한다. 빈 가스통을 챙기고 36일 만에 육지에 발을 디뎠다.

선착장에는 참치잡이 배들이 입항했는지 참치 손질하는 어부들과 구입하려는 사람들이 시끌벅적 장사진을 이룬다. 시골 장날 푸줏간을 보는 듯하다. 구경하고 있으니 일본 사람으로 착각하고 "오이시이おいしい, 맛있다"라고 말하며 옐로우핀 참치 갈빗살을 떼어주면서 먹어 보라고 한다. 이렇게 귀한 참치가 1Kg에 5달러다. 오늘 회와 부침으로

먹을 참치 2kg을 구입했다. 부산물을 바다로 던지니 1~2m가 넘는 큰 상어떼들이 몰려들어 서로 먹겠다고 몸싸움이다.

날씨가 정말 맑고 좋다. 하늘의 푸른 하늘에 흰 구름이 경계선이 없어 금방이라도 뚝 떨어질 것만 같다. 오른쪽 귀에 빨간 꽃을 꽂은 친절한 관광안내소 직원 아주머니 콜레트Colette를 만났다. 친절하게 이곳 석상 티키Tiki에 대해 설명해 주고 지도에서 있는 곳을 가르쳐 준다. 나도 휴대폰으로 검색 후 제주의 돌하르방을 보여주며 설명해 줬다.

티키Tiki는 폴리네시아 창세신화에 등장하는 창조신 중 하나다. 대양 밑에서 섬을 낚아 올려 마르키즈 제도 등의 국토를 만들고 여신 하나와 부부가 되어 인류를 낳았다고 전해진다. 이에 마르키즈 제도에 사는 마오리족에게는 '최초의 인간', 조상을 의미하기도 한다. 폴리네시아 곳곳에는 나무나 돌을 깎아 만든 티키 상징물이 세워져 있다.

이곳은 누군가에게는 낯선 미지의 섬이지만, 나에게는 반가운 인연으로 가득한 곳이다.

1년 10개월 전 입항했을 때, 레스토랑 사장님이 호박을 가져가라며 주신 적이 있다. 국산 호박과 똑같이 생긴 커다란 호박이었다. 그 식당 사장님의 호의로 이번에는 세탁에 쓸 물을 얻어 옷가지를 빨았다. 내게 야자잎 바구니를 만들어 주셨던 할머니도 다시 만났다. 예전의 나를 기억하고 활짝 웃으며 반겨주신다. 이번에는 예쁜 모자를 만들고 있다.

이곳에 머무는 요티 중 64세의 벨기에 요티 마크Marc는 빨간색 요트를 타고 혼자서 세계 일주 중이란다. 하루에 200마일, 평균 8노트 선속으로 달린다고 자랑한다. 바로 옆 요트의 티에리Thieery 할아버지도 이에 질세라 자랑거리를 늘어 놓는다. 자신은 강아지와 둘이 항해 중이라며 사진을 찍어줄 것을 부탁한다.

마을 뒷산에 올라 바라본 타이오하 만의 전경

3월 16일

프랑스령 폴리네시아의 마르키즈 제도에서 가장 큰 섬인 누쿠히바. 마을 뒷산에는 잠자리처럼 눈이 튀어나온 수호신 티키Tiki가 서 있다. 요트 타고 입항하면서도 볼 수 있을 정도로 거대한 석상이다. 이곳 뒷산에서 티키와 함께 내려다본 풍경은 한 폭의 그림 같다. 타이오하 만Taiohae Bay 푸른 해변에 요트들이 점점이 떠 있다. 그중 내가 타고 온 요트도 한가운데에 있다.

오후 3시쯤, 새로운 요티 가족을 만났다. 요트에 걸린 태극기를 보고 재미교포인 모니카 구 크로스Monica Koo Cross 씨와 그의 남편, 그리고 두 딸이 찾아온 것이다. 2015년부터 요트를 타기 시작했다는 4년 차 요티족인 이 가족은 누쿠히바에서 홈스테이를 하며 전통 춤, 악기, 카누 등을 배우고 있다고 한다. 현장학습을 중요시하는 이 가족은 각 입항지만의 특징을 배워가며 지속적으로 이동 중이다. 이 긴 여정을 끝내지 않은 주요한 이유는 아이들이 더 학업에 열중하고 각 문화를 습득하는 것에 적극성을 보였기 때문이라고 한다.

구 씨는 세계 일주 중 요트로 고국 한국에도 다녀가고 싶다고 한다. 4살 때 이민을 가서 고국에는 가족들이 없지만, 딸들에게 어머니의 고향인 한국을 알리고 싶다며 특별히 요트 정박에 관하여 문의한다. 그녀의 요트에 초대받아 방문했더니 아늑한 내부가 육지의 여느 가정집과 똑같다. 거실에는 피아노까지 있다. 환영의 인사로 한국의 아리랑을 연주해 준다. 다 같이 합창으로 아리랑을 불렀다.

카메라를 목에 걸고 검은 몽돌 해변가를 잠시 거닐다 케이카하누이 펄 로지Keikahanui Pearl Lodge 호텔에 들어갔다. 요트에서 볼 때 멋있어 보여 궁금했던 곳이다. 로비에서 아이스 아메리카노 한 잔을 마시며 바라보는 전망이 역시 아름답다.

해 질 무렵, 해변에선 아이들이 승마를 즐기고 있다. 말과 함께 내달리는 아이들의 모습에서 안장이 없는 것을 발견했다. 맨발로 말을 타는 모습에 신기하면서 부럽고 이들을 통해서 자연의 배경과 아이들의 모습에 행복감을 느꼈다. 그러고 보니 폴리네시아에서 생활했던 화가 폴 고갱의 명작 <해변의 말 타는 사람들>에 도 안장 없이 말 타는 사람들이 그려져 있다. 내가 생각하는 삶이란 자연과 더불어 함께하는 것. 그게 최고의 행복이다.

3월 17일

오늘은 택시 운전과 티키 공예품 제작을 전문으로 하는 기사님의 안내로 수백 년 전 원주민 마을을 찾아갔다. 티키를 만났다. 깎아지른 듯 가파른 밀림 속 산언덕을 한참을 오르고 나니 목이 마르고 힘들었는데, 코코넛 열매를 따는 부부를 발견했다. 운송수단인 말은 코코넛 나무에 잠시 매어 놓고 작업이 한창이던 아주머니가 코코넛 두 개를 건네주었다. 코코넛이 이렇게 맛있다는 것을 이번에 처음 알았다. 속살이 하얗고 푸딩처럼 부드럽고 달콤하다.

목을 축이고 다시 한참을 더 힘겹게 올라가니 평평한 산 중턱에 수백 년 전 원주민들이 살았을 마을이 모습을 드러낸다. 지금은 그 흔적이라고는 돌탑밖에 없지만, 마을 입구에는 티키들이 장승처럼 우뚝 서서 이곳을 수호하고 있다.

3월 19일

오전 9시, 관광용 크루즈 한 척이 들어왔다. 온 동네 원주민들이 다 나와서 사람들이 환영 축제를 벌인다. 빨간 드레스 차림에 야자나무 모자를 쓴 여인들이 양손에 나뭇잎을 들고 살랑살랑 흔들면서 큰 원을 그리며 이곳 전통춤을 춘다. 타투를 한 남자들은 나뭇잎 팬티를 입고 발목에는 야자잎을 두르고 타악기를 두드려 댄다.

누쿠히바 → 파카라바

2019.03.20. 누쿠히바 출항

아침 일찍 하버로 나가서 참치 해체 작업 중인 어부들에게 옐로우핀 참치 4kg을 구입했다. 참치 손질하면서 판매하는 아저씨가 이번에도 내가 일본 사람인 줄 알고 옐로우핀 참치 살을 떼어주며 맛보라고 챙겨 준다.

다음 기항지로 향하기 위해 출항 준비를 하는데, 그동안 호의를 베풀어 준 레스토랑 주인아저씨가 잘 가라고 인사를 건넨다. 학교 급식 때문에 이따 올 수가 없어 미리 인사를 한단다. 관광 안내소 직원과 택시 기사 아저씨도 나를 배웅한다. 현지에서 정 많고 좋은 사람들을 참 많이 만났다.

오후 3시, 출항 준비를 마치니 모두들 손 흔들며 잘 가라고 한다.

그래, 본 보야지Bon Voyage!

누쿠히바 → 파카라바

2019.03.21. 항해 중

기주 항해 2시간, 풍속 9노트, 선속 4.5~5노트.

많이 덥다. 실내 온도 32℃다. 이번 항해 8개월 동안 이렇게 더운

건 처음이다. 한밤중에도 찜통 가마솥더위다. 선풍기를 하루 종일 틀어놔도 뜨거운 바람이 빙빙 도는 것 같다.

돌고래 10여 마리가 다가와 선수 앞에서 점프를 한다. 너무 더워 사진 찍을 생각은 뒷전이다. 돌고래들아, 늬들은 시원해서 좋겠다.

누쿠히바 → 파카라바

2019.03.22. 항해 중

초저녁부터 비바람에 삼각 파도에 오토파일럿이 풀리고 이리 갔다 저리 갔다 온 바다를 쓸고 다닌다. 100°에서 300°까지, 풍속 17~21노트 선속 4.5~5.5노트. 비도 오고 몸도 피곤하고 졸리고. 침실에서 잠시 눈을 붙였다.

누쿠히바 → 파카라바

2019.03.24. 파카라바 입항

오전 12시 30분부터 딱 10분간 소나기가 내렸다. 데크와 콕핏에 묻은 소금기를 깨끗하게 씻어내려 주니 기분이 좋다 싶었는데, 오후 내내 다섯 차례나 더 소나기가 내리더니 10해리를 남겨 놓고 비바람에 정신이 하나도 없다. 바람이 10~21노트까지 분다. 오르락내리락 3차례 자이빙*을 하고, 저녁 7시 30분 파카라바 환초** 안에 입항 후 묘박했

*자이빙(Gybing)은 택킹과 반대로 풍하로 바람을 받고 달리다가 다시 반대 방향 풍하로 방향을 전환하기 위해 사용하는 기술이다.

**환초(環礁) 혹은 산호섬(珊瑚—)은 산호에 의해 둘러싸인 반지 모양의 산호초를 이르는 말이다. 전 세계 약 440개 환초의 대부분은 태평양에 있다.

다.

파카라바

2019.03.25. - 03.27. 기항지에서의 시간

파카라바 Fakarava
남태평양 중부 투아모투제도에 있는 수많은 거대 산호섬 중 하나

어젯밤 입항 후 아침 일찍 일어나 보니 잡티 하나 없는 청명한 날씨에 햇빛이 너무 강해 눈을 뜰 수가 없다. 살을 파고드는 듯한 강렬한 태양이 흑진주들을 우아하고 영롱한 빛깔로 만든다는 파카라바다.

남태평양 어느 섬보다 바닷물이 맑고 투명한 투아모투제도의 파카라바는 환초로 동그랗게 둘러싸여 있다. 눈이 부시도록 아름다운 옥색 물빛 바닷물 위에 떠 있는 요트 둘레에는 빨판상어 떼들이 기다렸다는 듯이 줄지어 빙글빙글 돌고 있다. 뭔가 달라는 것 같다. 냉장고에서 식빵을 꺼내 던졌더니 상어 떼들이 우르르 몰려와서 순식간에 집어삼킨다. 묘박해 놓은 요트들이 가끔 음식물을 주어, 이에 길들여진 상어들이다.

여기저기 요트 10여 척이 묘박 되어 있다.

저 멀리 묘박해 있는 카타마란 요트에서 태극기를 보고 스위스 국적의 할아버지와 딸이 고무보트를 타고 와 말을 건넨다. 젊었을 때 무역을 해서 한국의 마산을 다녀갔다고 자랑을 하신다. 이들은 세계 일주 중이고 이곳 투아모투 제도가 아름다워 한두 달 후에 타히티로 갈 예정이란다.

3월 27일

파카라바에 머문 지 사흘째 되는 날, 오늘은 마스트가 5개인 대형 크루즈 요트가 들어오는 날이라서 온 동네 사람들이 다 나와 행사를 한다. 악단들은 노래와 기타와 북을 두드리고 남녀 두 사람은 꽃향기 가득한 티아레Tiare를 환영의 표시로 손님들 귀에 꽂아준다.

티아레는 폴리네시아의 국화로 모노이Monoi라고도 불린다. 폴 고갱의 생애를 모델로 한 서머싯 몸의 소설 <달과 6펜스>에도 이 꽃 이야기가 나오는데, 예전에는 타히티에서만 피는 꽃이었다고 한다. 티아레의 향기를 맡은 사람은 세상을 방황하더라도 그 향기가 그리워 다시 타히티로 돌아오게 된다는 이야기가 있다.

이제 내일이면 바로 그 티아레의 섬, 타히티로 떠난다.

그리운 향기가 피어나는 꽃, 티아레

반드시 오고야 말 행복

파카라바 → 타히티

2019.03.28. 파카라바 출항

투아모투제도 파카라바에서의 여정을 마무리하고 소시에테제도 타히티를 향해 출항, 무풍 속 항해를 계속한다. 풍속 5~10노트, 선속 3.5~4.5노트.

35℃ 찜통더위다. 햇볕에 노출되면 살을 파고드는 것 같다.

파카라바 → 타히티

2019.03.29. 항해 중

어젯밤 12시부터 오늘 새벽 3시까지 풍속은 8~11노트, 선속은 4~4.5노트다.

낮과 밤의 기온 차이가 매우 크며, 낮에는 살인적인 더위가 느껴지고 밤에는 바람이 시원하고 편안하다.

파카라바 → 타히티

2019.03.30. 항해 중

어제 오후부터 맞바람에 풍속 10노트, 선속 2.8~3노트.

항해 거리가 짧다 보니 우습게 알다가 큰코다친 격이다. 바람 방향 따라 자이빙하며 지그재그로 세일을 펴고 가는 시간이나 세일 접고 기주로 가는 시간이나 같다.

파카라바 → 타히티

2019.03.31. 타히티 입항

어젯밤 10시, 타히티 푸오로Puooro에 도착한 후 요트 클럽Yacht Club de Tahiti 앞 바다에 묘박했다.

오늘 아침 마리나 게스트 선석으로 이동해 입항 신고를 하면서 보니 수심이 너무 얕고 마침 선석도 없는 상황이라 타히티 시내 중심가에 있는 파페에테 마리나Papeete Marina로 다시 이동했다.

까다로운 세관 검사를 마치고, 점심은 만새기구이로 외식을 했다. 밖으로 나왔더니 날씨가 너무 덥다. 햇볕에 노출되면 살을 파고드는 듯하고, 그늘에 있으면 습도가 없어 시원하다.

타히티

2019.04.01. - 04. 11. 기항지에서의 시간

타히티 Tahiti
남태평양 중부 폴리네시아에 속하는 소시에테제도의 주도

4월 3일

머리를 안 자르고 질끈 묶고 다닌 게 언제부터였는지 모르겠다. 오늘은 마음먹고 머리도 자르고 염색도 할 겸 미용실에 방문했다. 한국 돈으로 거금이 들어갔지만, 다행히 머리를 예쁘게 잘라줘서 기분이 상쾌하다.

4월 4일

타히티섬 한 바퀴를 돌아볼 생각에 관광안내소에 다녀오는 길, 공원 산책을 하다 살인적인 더위에 금세 지치고 말았다. 이곳의 낮은 지독하게 덥고, 밤은 시원하고 새벽은 춥다.

4월 5일

사전에 답사도 해볼 겸 오늘은 아침 일찍 파페에테 페리Papeete Ferry 여객터미널에서 페리를 타고 모레아섬으로 향했다. 모레아까지의 거리는 20해리, 스마트폰 GPS로 확인한 페리의 속도는 20~25노트다. 항해를 하다 보니 페리 타고 가면서도 이렇게 바람과 배의 속도를 체크하게 된다.

다시 타히티로 돌아오는 길에 원주민 아가씨를 만났다. 사슴처럼 맑고 고혹적인 눈매가 순수한 미소가 너무나 아름다워 사진 모델을 부탁했더니 흔쾌히 수락한다. 찍히는 사람이나 찍는 사람이나 너무

모레아의 방갈로

기분이 좋았다. 고마운 마음에 보답으로 페리 매점에서 콜라와 빵을 사서 건넸다.

4월 7일

모레아섬 다음 기항지로 계획 중인 보라보라섬에 대해 조언을 듣고 싶어 찾아간 옆집 미국인 요트. 크로아티아에서 출항해 여기까지 8개월 만에 입항했다고 하니 의아한 눈빛으로 바라보며 배에 비행기 날개를 달았냐고 묻는다. 마리나에서 만난 요티들은 대개 한곳에 최소한 1~2달 체류하는 게 기본이다. 이곳 타히티에도 장기체류 요티들이 많다. 마리나보다 전망 좋은 해변에 수많은 요트들이 한 폭의 그림처럼 묘박하고 있다.

4월 8일

이곳에 머무는 요티 중 한 명인 로레인Lorraine은 평소 남자처럼 씩씩하게 지나다니면서 만나는 사람마다 말 거는 것도 참견하는 것도 좋아하는 오지랖 넓고 인정 많으신 할머니 선장님이다. 이틀 걸러 한 번씩 마리나 앞 꽃시장에서 꽃을 한 아름씩 사서 안고 다니신다, 너무 부럽다. 나도 바람 따라 떠다니며 마리나에서 꽃을 들고 다니는 생활 요티가 되고 싶다. 이들 부부의 별명이 로레인 젠틀맨 선장Lorraine Gentleman이다. 현재 나이 73세, 77세로 퇴직 후 2014년부터 대양 항해를 시작하셨단다.

타히티 → 모레아

2019.04.12. 출항, 입항

모레아 Moorea

타히티섬Tahiti에서 북서쪽으로 약 17km 떨어진 섬으로, 소시에테제도에 속한다.

오전 10시 30분 출항, 오후 3시 40분에 하트 모양의 화산섬 모레아에 입항했다. 아름다운 해변과 산호초로 유명한 곳이다.

묘박지는 오푸노후 만Opūnohu Bay. 이곳에는 10여 척의 요트가 여기저기 묘박되어 있고 옥빛 바닷물에 닻과 체인이 다 보인다. 희고 고운 모래에 팅스레이와 작은 상어들이 유영한다.

저녁이 되자 핏빛 해넘이가 오푸노후 만의 바다를 붉게 물들이고, 밤에는 돌풍과 함께 스콜성 소나기가 한바탕 쏟아졌다.

모레아

2019.04.13. - 04.14. 기항지에서의 시간

산호 보초에 둘러싸인 이곳은 제임스 쿡James Cook과 루이 앙투안 드 부갱빌Louis Antoine de Bougainville을 비롯한 16세기 여러 유럽 탐험가에게 안전한 정박지를 제공했단다. 오푸노후 만 요트 정박지에서 바라보니 나처럼 ARC 대회에 참가 후 아직 깃발을 떼지 않고 자랑스럽게 달고 다니는 요트도 저 멀리에 있었다.

바닷가에 수면에 비친 반영이 정말 예쁜 노란 집이 있어 사진도 찍을 겸 찾아갔다. 타히티 언어로 노란 도마뱀을 뜻한다는 모레아Moorea. 그 이름처럼 예쁜 노란색으로 칠해진 예쁜 집에 도착해 서성였더니 백발에 단발 파마머리를 한 아주머니가 흔쾌히 들어오라신다. 본인이 직접 만들었다는 와인 두 잔과 치즈 몇 조각을 접시에 담아오셨다. 한 잔 마셔보니 와! 특유의 풍미가 참 좋다.

주인아주머니는 집 이곳저곳을 구경 시켜주었다. 거실과 주방이 깔끔하고 정갈하다. 내가 불어를 모르니 답답했지만 보디랭귀지로 꼼꼼히 최선을 대해 가르쳐주셨다. 남편은 바로 앞에 비치에서 친구분들과 함께 와인 한 잔씩을 들고 물놀이 중이란다.

이곳 사람들은 모두 친절하다. 모레아의 상징 뾰족한 바위산 로투이산Mount Rotui을 찍으러 두리번거거리니 풍채 넉넉하고 마음씨 좋은 원주민 아주머니가 자기네 집 앞에서 촬영하라며 포인트를 가르쳐준다.

4월 14일

모레아섬 관광 중에 인터컨티넨탈InterContinental 리조트에 있는 사육 돌고래들을 보았다. 오동통 살이 올랐는데 죽은 듯이 모랫바닥에 엎

드려 가끔 꼬리만 살살 흔들 뿐이다. 세상 다 귀찮다는 표정이다. 항해 중에 만난 야생 돌고래들의 생기발랄한 모습만 보다가 갇혀 지내는 돌고래들을 보니 안타깝다.

모레아 → 보라보라

2019.04.15. 모레아 출항

오전 7시 30분, 보라보라섬을 향해 출항.

오전에는 바람이 거의 없어서 무풍 기주항해를 했다. 오후부터는 세일링을 시작했으나, 날씨가 너무 더워서 실내 온도는 34도에 이르렀고 습도는 70%로 매우 높다. 덥고 습한 날씨로 인해 항해가 힘겨워진다.

그래도 바다에서 보는 해넘이는 언제나처럼 아름답다. 오늘의 해넘이는 특히 멋져서 오메가의 형태를 띠는 환상적인 장관을 연출했다.

모레아 → 보라보라

2019.04.16. 보라보라 입항

보라보라 Borabora
타히티섬 북서쪽으로 약 240km 떨어진 섬

오후 4시 30분, 해도를 보면서 환초에 부딪치는 흰 포말 사이로 뚫린 항로를 따라 조심스럽게 입항했다.

말로만 들었던 보라보라섬은 시시각각 빛과 바람에 따라서 변하는 구름과 바다 자연경관이 아름답다는 표현의 끝판왕인 듯하다. 사

부채꼴 해넘이

방을 둘러봐도 눈이 부시다.

진달래 동산에 온 듯한 분홍빛 부채꼴 모양 해넘이가 환상적이다. 내가 본 해넘이 중 최고다. 이런 해넘이가 있다니? 오래전 필리핀 발리카삭Balicasag 직벽 스쿠버 다이빙 중 너무 아름다워서 이곳에서 사고로 죽어도 죽은 자가 행복하겠다는 생각을 한 적이 있다.

오늘 똑같은 생각을 한다. 이렇게 아름다운 날, 저 분홍빛 노을을 보면서 생을 마감한다면 얼마나 행복할까?

보라보라

2019.04.17.- 04.21. 기항지에서의 시간

딩기 타고 나가 카페 앞에서 인터넷으로 가족들과 지인들에게 잘 있다는 소식을 전하고, 동네 한 바퀴를 돌며 주유소와 생활용수 채울 곳을 확인하였다. 주유소는 묘박지에서 100m 정도 떨어진 곳에 있고 생활용수는 카페 앞에 수도꼭지가 설치되어 있었다. 어딜가나 기항지에서 제일 먼저 확인할 것이 생활용수와 주유소 확인. 그 다음이 슈퍼마켓과 식당이다.

흑진주를 판매하는 상점에 갔더니 남태평양의 아름다운 트로피컬 문양이 새겨진 노란 드레스 차림의 원주민 미인 직원이 각종 포즈를 취하면서 사진을 찍어달란다. 키도 크고 화보 잡지에서나 봄직한 몸매의 어여쁜 아가씨다. "안녕하세요? 감사합니다" 라는 한국말을 한다. 이곳으로 신혼여행을 온 한국 관광객들에게서 배웠단다. 나에게 한국인들은 피부가 하얗고 예쁜데 왜 이렇게 까맣냐고 묻는다. 항해 중이고 요트로 한국에 돌아갈 것이라고 말하자 놀라면서 웃는다.

4월 18일

폴리네시아 바다는 어디를 가나 상어 천국이다. 파카라바에서부터 상어 다이빙을 계획했으나 시간상 못하고 이곳 보라보라섬에서 다이빙하기로 했다. 일반적으로 상어는 포악하고 사나운 동물의 인식이 있지만 사실 상어의 종류는 약 470여 종이나 된다. 백상아리great white shark처럼 사나운 상어가 있는 반면, 지구상에서 가장 큰 동물 고래상어whale shark는 온순하고 착하다. 대부분의 상어들은 사람을 공격하지 않는다.

다이빙 숍에서 모터보트를 타고 20분 나가서 공해 없이 건강하게 자라고 있는 산호 밭에 입수를 한다. 수십 마리의 상어떼들과 가깝게는 약 2m가 넘는 상어 6마리와 유영했다. 다이버들과 자주 만나서 그런지 사람을 두려워하지 않고 너희 또 왔구나? 하는 식이다. 또는 워

낙 다이버들이 많다 보니 아예 다이버들을 바닷속 같은 종족으로 인식하는 것이 아닐까 싶다.

4월 20일

엊그제 오랜만에 스쿠버 다이빙을 해서 그런지 온몸이 쑤시고 아프다. 느즈막한 시간에 슈퍼로 가는 길, 진보라색 콩꽃 넝쿨이 담장을 가득 감싸고 있다. 이렇게 아름다운 콩꽃은 처음 본다. 콩꽃의 꽃말이 '반드시 오고야 말 행복'이란다. 항해 중 때로는 너무 힘들어도 기항지에 입항하면 콩꽃의 꽃말처럼 반드시 행복이 찾아온다. 성취감과 함께 또 다른 신세계 속으로 빠져들게 된다. 아무리 힘든 항해일지라도 저 멀리 보이는 육지와 항구를 보는 순간 힘들었던 기억들이 싹 잊히기 때문에 나는 또 다음 항해를 준비하게 된다.

보라보라 → 수와로우

2019.04.22. 보라보라 출항

새벽에 일어나 콕핏에 나가 보니 파카라바에서 보았던 마스트 5개가 있는 요트가 들어와 환하게 불을 밝히고 있다. 사전 출국 신고를 하기 위해서 7시 30분 출입국 사무소에 도착하였다. 다음 기항지는 스와로우섬이지만 이곳은 무인도라서 사모아로 출국 신고를 했다.

오늘은 대형 크루즈와 대형 요트가 들어와 보라보라 거리가 북적거리는 장날이다. 몇천 명이 한꺼번에 들어왔으니 이 작은 섬이 인산인해다. 온 동네 사람들이 거리마다 일일 마켓을 열고 손님맞이에 분주하다. 호텔 레스토랑에서 점심을 먹고, 항해 중 먹을 바게트 7개를 사 들고 와 마리나에서 물 채우고 대청소를 했다.

환초가 많아 어두워지기 전에 보라보라를 빠져나와야 해서 오후 5시 30분 출항을 서둘렀다.

보라보라 → 수와로우

2019.04.23. 항해 중

어제 출항 때부터 무풍이라 기주 항해를 계속한다. 풍속 3~5노트, 선속 3.7~4.5노트.

바다 위는 아침부터 덥다. 콕피트에 누워 있는데 간간이 햇볕에 노출된 발이 따갑고 아프다. 살인적인 더위는 방에 있어도 마찬가지다. 장시간 항해를 하다 보니 서서히 지쳐가는 것 같다.

보라보라 → 수와로우

2019.04.24. 항해 중

기주 항해라서 엔진 소음이 심하고, 실내는 덥고 밖은 더 덥다. 속이 울렁거리고 머리 아프고 제정신이 아니다. 이럴 때면 다시는 요트 항해를 하지 말아야지 다짐하기도 한다. 그러나 모두 한순간이다. 지나고 보면 좋은 추억이 더 많다.

보라보라 → 수와로우

2019.04.25. 항해 중

어둠이 내려앉으니 별들이 쏟아졌다. 어쩜 저렇게 많은 별들이 있을까? 별빛도 다르고 이름도 다르니, 지구의 사람들처럼 성격과 취향도 제각각이겠다는 생각을 한다. 온 하늘에 별들이 가득해 별들의 잔칫날 같다. 저 많은 별들이 서로 부딪혀서 떨어지면 어디로 갈까?

시간이 조금 지나자 달빛이 대낮처럼 밝게 비친다. 새벽 3시 알람이 울려서 보니 뒤쪽에 비가 올 기미가 보였다. 변화무쌍한 태평양의 날씨는 예측이 불가능하다. 5분 후 소나기가 조용하고 낭만적으로 내렸다. 나는 넋이 나간 듯 빗방울을 한참을 바라보았다.

아침까지 비가 내렸고, 바람이 조금 불었다. 아침부터 세일을 다시 시작했으며 풍속은 7~11노트, 선속은 4.5노트였다.

보라보라 → 수와로우

2019.04.26. 항해 중

알람이 요란하게 울리더니 돌풍과 함께 소나기가 5분간 내렸다. 바람이 들쑥날쑥해서 제노아를 폈다 감았다를 반복했다. 제노아를 감으면서 시트를 몇 번 당겼더니 힘이 빠지고 아침부터 허리가 아파 큰일이다. 새벽 3시부터 오전 내내 세일 항해를 했다. 풍속은 15~17노트, 선속 4~5노트로 세일 항해를 하기에 최상의 바람이었다.

저녁을 먹고 나니 오후 6시부터 또 한차례 소나기가 내린다. 4일째 계속 이 시간에만 비가 내리고 있다.

보라보라 → 수와로우

2019.04.27. 항해 중

아침 6시 일어나 돛을 정리했다. 풍속 14~17노트, 선속 4~6노트.

어제는 흐리고 구름이 끼고 비가 와서 좀 시원했는데, 오늘 아침 햇살을 보니 벌써부터 겁이 난다. 덥고 습하고, 전기 부족으로 실내에서 선풍기 사용도 할 수가 없다.

오후 3시부터 기주 항해를 하면서 엔진을 평소의 1,200~1,300RPM보다 더 높은 1,500RPM으로 올렸다. 저녁에도 비구름은 가득하나 비는 안 오고 구름만 새까맣게 지나간다.

보라보라 → 수와로우

2019.04.28. 항해 중

어제 밤 12시부터 새벽 6시까지 항해를 이어갔다. 내일이면 드디어 수와로우에 입항한다. 693해리의 짧은 거리지만 서서히 지쳐간다. 우측의 북두칠성, 좌측의 남십자성을 비롯해 별들이 온 하늘을 천국처럼 아름답게 수놓고 있다. 새벽에 뜨는 초승달이 참으로 아름답다. 갑자기 하늘을 보고 혼잣말을 한다. 천국에 간 사람들은 어디에 살고 있을까?

새벽에는 비구름을 동반한 소나기가 내렸다. 아침을 먹고 커피 마시는 시간에도 비구름이 다시 몰려와 5분 동안 또 한 차례 소나기가 내렸다.

보라보라 → 수와로우

2019.04.29. 수와로우 입항

어제 오후부터 계속 기주 항해를 했다. 풍속은 4~7노트, 선속은 4~5노트, 방향은 279도다.

새벽 견시 항해를 하러 콕핏에 나가자마자 소나기가 한차례 내렸고, 비옷을 입고 돌아서니 바로 그쳤다. 야간에 너무 빨리 입항할 것 같아 속도를 조절한 후, 새벽 6시 30분에 섬 입구에 도착했다. 그러나 환초로 인해 입구를 찾기가 불분명하다. 다시 밖으로 빠져나와 보니 옛날 기억이 되살아났다. 뒤쪽이 항로였다. 천천히 견시를 하며 입항했다. 입항할 때마다 긴장 속에서 다리가 후들후들 떨리고 힘이 쫙 빠진다. 혹여 이곳에서 좌초라도 하게 되면 큰일이다.

오전 8시 30분, 입항을 완료하고 묘박을 했다. 1년 11개월 만에 다시 이곳에 오게 되었다. 옛날 그대로다. 저 앞에는 새들의 천국인 새섬도 보이고, 코코넛게들의 천국인 코코넛게섬도 보인다. 아침을 먹고 나서 밖으로 나가 콕핏에서 바다를 향해 닭날개를 던져주니, 1년 11개월 전에는 12마리가 오던 상어가 오늘은 3마리밖에 오지 않는다. 걱정을 했는데 오후가 되자 친구들에게 소식을 전했는지 우르르 15마리가 떼로 몰려왔다. 상어들아! 잘 있었냐? 이렇게 반가울 수가!

긴장이 풀렸는지 피곤해 요트 내 샤워장에서 샤워 후 잠시 낮잠을 자고 나서야 딩기를 타고 섬에 상륙했다.

기어이 행복은 또 오고야 말았다.

이곳은 요트가 아니면 닿을 수 없는 무인도, 쿡제도의 수와로우섬이다.

남태평양 무인도에서 생일 파티를

수와로우

2019.04.30.- 05.02. 기항지에서의 시간

수와로우 Suwarrow
남태평양의 작은 섬나라 쿡제도에 있는 섬

이곳 수와로우섬은 쿡제도 뉴질랜드 정부에서 관리하고 있다. 오래전에는 상주하는 직원이 있었지만, 현재는 텅 빈 사무실 겸 숙소에 거미줄만 가득하다.

사무실에 누군가 걸어 놓은 2016~2017년의 World ARC Round the World Rally 스티커와 깃발이 보인다. 작년 World ARC 대회를 시작해 2019년 현재까지 항해를 이어가고 있는 참가자들의 요트 30여 척은 지금 폴리네시아 120여 개 섬들에 흩어져 있다. 곧 이곳 스와로우에 기항 후 사모아 및 피지 공화국으로 향할 것이다.

나도 한국의 김영애가 왔다 갔노라는 표식을 남기기로 했다. 항해 중 사용한 태극기에 항해 기간 등 자세한 글을 적고 싸인 후 펼쳐서 스테이플러로 벽에 고정시켜 놓는다. 라스팔마스 마리나 앞 카페에

BEND. OREGON
ONDON
SPREITENBACH
SCHWEIZ
CAPETOWN
AUCKLAND
TORONTO
STOCKHOLM
SUWARROW

김영애 항해사

서 모자에 사인해 걸어둔 후로 두 번째 이벤트다.

섬을 한 바퀴 돌며 사진 촬영을 하는데 용암으로 화석이 된 각양각색 무늬의 산호들이 보인다. 산호석 사이로 커가는 이름 모를 풀들과 나무들의 끈질긴 생명력이 대단하다. 바닷가에는 얕은 곳까지 오는 상어와 열대어들이 마치 강아지처럼 사람을 따라다닌다. 이곳 생물들은 사람들을 무서워하지 않는다.

이튿날, 아침을 먹고 묘박지에서 1마일 떨어진 새들의 섬 '새섬'에 가기 위해 돛을 올렸다. 잠깐의 항해 후 새섬 근처에 묘박하고 딩기 타고 섬으로 들어갔으나 새섬에 새가 없다. 폐허가 된 듯 2m 크기의 나무 한 그루에 새 몇 마리만 초라하게 앉아 있다. 무서울 정도로 많던 그 수만 마리의 바닷새들은 다 어디로 갔을까? 지난날을 상상하며 이곳저곳을 다 뒤져도 새는 없다. 자세히 보니 새섬의 수위가 50cm 정도 올라와 땅바닥에 붙어있는 잡초와 나무들이 다 죽어 있었다. 1년 11개월 만에 이렇게 변하다니 마음이 편치 않다.

다시 묘박지로 돌아오니 언제 입항했는지 스위스 국적 요트 1척이 보인다. 한 여자가 명함을 입에 문 채 수영을 해서 내 요트로 다가와 건넨다. 남자는 스위스 사람이고 여자는 헝가리 사람이라며 소개를 한다. 둘이 파트너십으로 요팅을 하는 친구란다.

오후에는 도시락 싸서 섬에 입도했다. 바닷가에서 수영하고 섬 한 바퀴 산책 후 사진을 찍고 마른 코코넛 나무로 모닥불을 피워 감자를 굽는다.

5월 2일

오늘은 내 생일이다.

아침 일찍 일어나 소고기미역국을 끓이고 그럴싸하게 생일상을 차려놓았다. 나는 평소에도 내 생일을 최고로 자축하는데 올해는 이곳 수와로우섬에서 맞이하는 생일이라 더욱 뜻깊다. 요트 항해로 무인도에서 생일을 보내다니 김영애 너무 멋있는 것 아니니?

그런데 내가 올해 몇 살이었지? 벌써 그렇게 됐나 싶다. 누가 묻는 사람도 없으니 몇 살인지 나 자신도 잊을 때가 있다. 나이를 잊고 사는 것도 좋은 현상이다. 그냥 자연의 일부분으로 살고 싶다. 수영복 차림으로 바닷속으로 풍덩 뛰어들어 상어들과 유영을 한다. 상어들도 나에게 생일 축하 인사를 하는 듯하다.

저녁에는 2차 생일 파티를 벌였다. 닭날개와 닭다리를 튀겨서 닭강정을 만들었다. 한국에서 가져온 매실청과 매운 고추가 들어가니 더 맛있다. 당면과 양배추 넣고 소고기 불고기, 야자나무 모닥불에 코코넛게 구워놓고 와인 한 잔. 요트 항해자 누군가가 야자나무에 만들어 놓은 그네를 타고 신나게 잘 놀았는데 돌아오는 길 딩기 모터가 고장이 나는 바람에 노를 저어서 영차영차 돌아왔다.

수와로우 → 아피아

2019.05.03. 수와로우 출항

출항을 앞두고 벌써부터 서운한 마음이 든다. 4박 5일 동안 함께했던 예쁜 상어 17마리가 눈에 밟히고 마음이 짠하다. 냉동고에 있던 소고기와 닭고기를 모두 가져다 상어들에게 골고루 나눠주었다. 많은

사람들이 상어를 포악하고 사납다고 생각하지만, 그들이 사람들에게 겪은 억울함에 비하면 상어의 행위는 미미한 것이다. 상어들이 억울하겠다는 생각이 든다.

폴리네시아 사람들은 상어를 신성시하며, 조상이 상어로 환생했다고 믿는단다. 그래서 어렸을 때부터 상어와 수영하며 친근감을 느끼고, 이곳 여성들의 관능적인 춤사위도 상어의 유영에서 영감을 받았다는 설도 있다.

스위스에서 온 요티 커플이 잘 가라고 손을 흔든다. 그들은 뉴질랜드령 니우에섬으로 간단다.

수와로우 → 아피아

2019.05.04. 항해 중

새벽 1시부터 6시까지 바람이 없어 기주 항해를 계속한다. 풍속 3~8노트, 선속 4~5노트. 무풍에 너무 덥다.

오늘도 힘든 항해가 계속되면서 무료함과 미세한 멀미를 느끼다가 해넘이와 함께 태평양의 광활한 수영장에서 하늘과 바다가 맞닿은 풍경을 보며 마음의 위안을 찾았다. 지구상에서 가장 큰 나만의 수영장에서 수영하며 느끼는 행복은 이루 말할 수 없다.

저녁 11시부터는 먹구름에 돌풍을 동반한 소나기가 계속 내린다. 풍속 21~25노트. 제노아를 접어놓고 메인세일 축범 후 얼마 전에 만든 집수조 물받이를 조절해 생활용수를 받아서 수통에 채웠다. 이렇게 깨끗할 수가. 아무리 침전을 시켜도 먼지 하나 없는 청정수다. 그냥 마셔도 될 것 같아 한 컵 따라 마셔 봤다. 음용수로 준비해 온 물보다 건강해지는 느낌까지 든다. 맛있다.

수와로우 → 아피아

2019.05.05. 항해 중

하루 종일 무풍 속 항해다. 풍속 4~10노트, 선속 4~5노트, 방향은 268도.

대자연의 아름다움은 정말 경이롭다. 광활한 바다, 하늘, 그리고 변화무쌍한 날씨. 이렇게 아름다운 태평양 바다도 때로는 그 반복적인 일상에서 지루함을 느끼며 무뎌지기도 하지만, 이때를 기다렸다

는 듯이 수백 마리 돌고래 떼들의 군무가 시작되면서 정신을 쏙 빼놓는다.

이곳에서 나는 항해자가 아니라 태평양 바다 다이내믹한 자연과 생물들의 관람객이다.

수와로우 → 아피아

2019.05.06. 항해 중

오후 1시 20분, 알람 소리와 함께 저 멀리 어선 한 척이 아지랑이 사이로 가물가물 보인다. 보라보라섬에서 출발해 상선 한 대를 본 이후 이번이 두 번째 보는 배로 반갑게 느껴진다. 들리지 않겠지만 손을 흔들면서 반갑다는 표시를 하고 나서 무전기로 불렀으나 답이 없다. 확실하지는 않지만, 근처의 미국령 사모아에서 나온 배일 것이다.

수와로우 → 아피아

2019.05.07. 항해 중

새벽 5시, 밖에 나온 지 5분도 되지 않아 습식 사우나탕에 있는 듯하다. 끈적거리고 최악이다. 하지만 사람은 환경에 적응하는 동물이다. 견디고 즐기자. 집에 가면 이런 날들이 그리워질 것이다.

수와로우 → 아피아

2019.05.08. 아피아 입항

어젯밤부터 비가 오더니 오늘 오전까지 계속 이어진다.

남태평양에 위치한 섬나라 서사모아Western Samoa*에 새벽 무렵 도착해 바다에 묘박했다가, 아침 8시가 되어 사모아 아피아 마리나Samoa Apia Marina에 입항했다.

2017년 6월 10일 이후 1년 11개월 만에 두 번째 입항이다. 감회가 새롭다.

어라. 입국 신고를 하러 출입국 사무소로 갔더니, 서사모아에서의 하루가 사라졌다.

오늘이 8일이 아니고 9일이란다. 국제 날짜 변경선International Date Line 때문이다. 이 선은 태평양을 가로지르며 시간을 조정하여 전 세계가 일관된 날짜를 유지할 수 있도록 하는 가상의 경계다.

서사모아는 국제 날짜 변경선의 서쪽에 위치해 있고, 미국령 사모아는 동쪽에 있다. 두 나라의 물리적 거리는 90여 마일(164km) 비행시간으로 따지면 18분이지만 시차는 무려 24시간이 난다. 이로 인해 서사모아는 미국령 사모아보다 하루 앞선 시간을 갖게 된다.

아무리 가상의 선이라 해도 물리적으로 시차가 하루가 없어지는 바람에 세상에 이런 일이? 놀랍기만 하다.

나는 지금 태평양 한가운데 날짜 변경선 바로 왼쪽에 맞닿아 있는 나라, 세상에서 가장 먼저 해가 뜨는** 신비로운 섬, 사모아에 와 있다.

---

*사모아 독립국은 오세아니아의 폴리네시아 사모아 제도에 있는 나라이며, 수도는 아피아이다. 동쪽에 접하는 미국령 사모아와 구별하기 위하여 '서사모아'라고도 부른다.

**사모아는 과거에 해가 가장 늦게 뜨는 나라였지만, 1995년 날짜 변경선이 동쪽으로 옮겨지면서 세계에서 해가 가장 빨리 뜨는 나라가 됐다.

오고 가는 음식, 무르익는 마음

아피아

2019.05.10. - 05.16. 기항지에서의 시간

아피아 Apia
사모아의 수도

사모아의 전통과 문화를 무료로 체험해 볼 수 있는 사모아 컬쳐 빌리지Samoa Cultural Village에 갔다. 타투의 종주국답게 맨 먼저 실제로 타투하는 모습을 보여준다. 타투사모아 말로 타타우, Tatau를 새기는 것은 이 나라에서는 중요한 의식으로, 용감함과 인내를 상징한다. 남자들은 12~14세가 되면 허리부터 무릎까지 문신을 새긴단다. 도면이나 밑그림도 없이 뾰족하고 날카로운 작은 망치 같은 도구에 연신 먹물을 발라 두들기는데, 오른쪽 왼쪽 그림이 모두 자로 잰 듯 똑같아 신기하다.

야자잎으로 바구니 만드는 법을 배우는 걸 끝으로, 저녁 식사가 이어졌다.

타투한 용사들 여섯 명이 긴 장대를 들고 나와 한바탕 춤을 추더니만 장대로 뜨겁게 달궈진 돌무더기에서 음식을 꺼내준다. 내가 좋아

하는 타로와 바나나, 빵나무 열매Bread Fruit다. 너무 맛있다. '우무Umu'라는 전통적인 사모아 스타일 요리법이란다. 먼저 나무, 코코넛 껍질 등을 이용해 땅 위에 불을 지핀 후 그 위에 돌을 올린다. 돌이 달궈지면 바나나, 빵나무 열매, 타로, 카사바, 생선, 고기 등을 커다란 바나나잎으로 꼼꼼히 싸서 돌 위에 올리고 덮는다. 한두 시간 정도 구운 후에 꺼내 먹는다. 이 요리의 특징은 땅에 구덩이를 파지 않고 불을 피운다는 사실이다.

5월 11일

비가 추적추적 내리는데 택시를 타고 사모아의 상징이라고 할 수 있는 토 수아 오션 트렌치To Sua Ocean Trench를 갔다. 토 수아는 오래전 화산활동으로 만들어진 싱크홀이 해구로 변한 신비하고 아름다운 곳이다. 토 수아는 사모아어로 '거대한 홀'을 말하며 오션 트렌치는 해구를 의미한다. 자연이 만들어 낸 남태평양의 가장 큰 천연 수영장인 셈이다. 입장료를 내고 안으로 들어가면 마치 공원에 와 있는 것 같이 잔디 정원이 잘 꾸며져 있고, 바위에는 'TO SUA '라고 새겨져 있다. 이곳에 입장하기 위해선 수직에 가깝게 듬성듬성 놓인 나무 계단을 타고 한참을 내려가야 한다. 떨어질까봐 좀 무섭다.

오후에는 아피아 재래시장 푸드마켓에 갔다. 어딜 가나 내가 찾는 것은 늘 김치용 채소다. 얼갈이 배추, 생강, 마늘, 파를 구입 후 요트에 있는 양념과 함께 김치를 담갔다. 열대지방이라서 배추가 수분이 좀 많아도 질기지 않고 맛있다. 타히티에서 담근 갓김치 이후 오랜만에 먹어 본 생김치다.

대자연이 만들어낸 풀장, 토 수아

5월 12일

2년 전 입항했을 때 만난 택시 기사님이 집에서 사모님이 만들었다는 현지 음식을 가져왔다. 소고기구이, 생선튀김, 코코넛 야채구이, 타로구이 등 정말 맛있다. 현지 가정식을 먹다니 너무 고마웠다.

택시 기사님은 오래전 제주 하얏트호텔에서 사모아 전통춤인 불춤 공연자로 2개월간 근무를 했다고 한다. 제주 섬이 참 예쁘고 한라산 등산도 했었다고 자랑한다. 김치가 맛있다고 노래를 부르기에 어제 담근 배추김치를 1통 드렸더니 엄청 좋아하신다. 이후에 보니 언제 놓고 가셨는지 모아나 닻 목걸이가 선물로 놓여 있었다.

5월 13일

「보물섬」과 「지킬 박사와 하이드」의 작가 로버트 루이스 스티븐슨Robert Louis Stevenson 생가 박물관을 방문했다.

스티븐슨은 건강상의 이유로 가족과 함께 요트로 남태평양을 여행하다가 이곳의 자연환경과 주민들의 환대에 깊은 인상을 받았다. 현지인들과 긴밀한 관계를 맺고 지역 문제에 적극적으로 참여하기도 했다. 그는 사모아 우폴루섬에 정착하여 여생을 보냈고, 1894년에 사망할 때까지 이곳에서 많은 작품을 남겼다. 박물관에는 그가 살아생전 쓰던 물건들이 전시되어 있다. 현재 사모아에는 스티븐슨 이름을 딴 대학교, 중고등학교, 스틴븐슨 도로까지 있다.

그의 묘비에는 그의 시 「레퀴엠」 중 일부가 새겨져 있다.

"여기 그토록 원하던 곳에 그가 잠들어 있다.
뱃사람이 바다로부터 돌아오듯이.
사냥꾼이 산에서 집으로 돌아오듯이."

5월 15일

택시 기사님의 추천으로 동네 레스토랑에서 하는 디너쇼를 보러 왔다. 평상 같은 마룻바닥에 야자나무잎으로 얼기설기 엮어놓은 무대. 마치 각설이 타령하는 장터 무대 같다. 택시 기사님도 이 무대에 출연한단다. 어둠이 찾아오자 관람객들이 한두 명씩 모여들더니만 어느새 스무 명이 넘는 사람들이 자리에 앉았다.

먼저 자연 그대로의 커다란 바나나잎 위에 음식을 올려 각 의자 앞에 나눠 준다.

오카Oka*, 팔루사미Palusami**, 타로, 코코 사모아Coco Samoa, 사모아 카카오를 말려 만든 음료, 바일리마Bailima 사모아 전통 맥주……. 모두 사모아 전통 음식들이다.

타투가 있는 사모아 특유의 덩치 큰 남성들의 정열적이고 강렬한 불춤을 선보인다. 눈빛에서도 불빛이 튀어나올 듯하다. 입항 첫날부터 지금껏 함께한 택시 기사님도 무대에 서니 신들린 듯한 춤사위에 깜짝 놀랬다 양철두드리는듯한 음악소리와 함께 소품으로 쓰는 횃불이나 원형 불들을 자유 자제로 대단했다

사모아 원주민들의 전통 음식, 전통춤, 정말 최고였다.

5월 16일

이곳 사모아에는 한국인이 없다. 그런데 사모아에서의 마지막 날, 인터넷을 하러 호텔 커피숍에 갔다가 우연히 뉴질랜드에서 관광 오신 교포 할머님들과 목사님을 만났다. 어떻게 여기까지 왔냐며 반갑게 맞아주신다.

---

*날생선을 작게 토막 내어 라임에 재워두었다가 야채와 코코넛 크림에 버무린 음식

**코코넛우유에 양파, 소금, 타로 잎을 바나나잎에 싸서 우무에 넣고 구운 음식

아피아 → 푸나푸티

2019.05.17. 아피아 출항

어제 약속한 뉴질랜드 교포 할머님들과 함께 중국 음식점에서 식사 후 다같이 요트로 돌아오는 길, 목사님께서 통돼지 바베큐레촌, 필리핀식 통돼지 바베큐 한 마리를 사서 가지고 오셨다. 사실 이분들이 드시려고 예약해 놓은 것이었단다. 함께 마리나를 구경하고 기념사진을 찍은 후에 과일과 차를 대접했다. 작별 인사를 하며 가을에 우리 집으로 초대했다.

오후 4시, 투발루 푸나푸티를 향해 출항한다. 지금부터는 적도 지역이다.

아피아 → 푸나푸티

2019.05.18. 항해 중

새벽 3시부터 아침 7시까지 항해 중. 고질병인 멀미 두통이 완전히 사라졌다. 적도 부분이라서 바람도 없고 기주 항해 엔진소리가 좀 시끄러워도 견딜 만하다.

뉴질랜드 할머님들께서 항해 중 잘 먹어야 한다면서 사 오신 통돼지 바베큐를 잘라서 맛있게 먹고 3개로 소분해 냉동실에 보관했다.

아피아 → 푸나푸티

2019.05.19. 항해 중

오늘도 어제와 같이 하루 종일 무풍이다. 풍속 5~8노트, 선속 3.7~4.5노트.

아침 일찍 하늘이라는 도화지 위에 구름으로 그려놓은 우주 대자연의 모습을 카메라에 열심히 담았다.

아피아 → 푸나푸티

2019.05.21. 항해 중

새벽까지 견시 항해를 마치고 오전 8시부터 10시 30분까지 낮잠을 자고 일어났다. 너무 더워서 콕핏으로 나가 하늘을 보니 햇볕은 없고 온통 새털구름뿐이다. 구름이 만들어내는 환상적인 장면은 마치 새들이 수만 마리 날아가는 형상처럼 보인다.

아피아 → 푸나푸티

2019.05.22. 항해 중

새벽 달빛이 휘황찬란하고 그 달빛 속에 남십자성 별빛이 유난히도 눈에 확 들어온다,

오늘따라 돛단배의 돛과 마스트 불빛, 항해등 좌현 빨간색 우현 녹색 불빛이 선명하다. 이런 날엔 마음이 편치 않다. 이 지구상에 모든 사람들이 다 떠나고 나 혼자 있는 느낌이다.

무풍으로 6일째 세일 한번 제대로 못 펴고 내일 밤이면 투발루 공화국 푸나푸티에 입항한다.

그런데 내가 올해 몇 살이었지?

아피아 → 푸나푸티

2019.05.23. 항해 중

기주 항해 선속 3.7~4.5노트. 전자 기기들이 날짜 변경선***에 따라 W서쪽에서 E동쪽로 방향이 바뀐다.

날짜 변경선을 넘으면서 하루가 사라지거나 추가되는 경험은 시간의 흐름을 새롭게 느끼게 해 준다. 더군다나 날짜 변경선의 기준이 되는 경도 180도 지점을 통과하는 것은 항해 중에만 가능하기에 더욱 특별하게 다가온다.

무풍 속에서 별들의 아름다움을 만끽하며 자연의 경이로움을 느끼는 순간에 날짜 변경선을 넘는 경험은 아마도 평생 잊지 못할 추억이 될 것이다.

메인세일이 마스트 펄링mast furling에 접혀 감겨서 나오지 않는다. 큰 일이다. 대서양에서는 강풍에 저절로 빠져나왔는데 지금은 일주일째 무풍이라서 답이 없다. 인위적으로 잡아당기는 수밖에 없다. 오늘 푸나푸티 입항 예정이었으나 무풍으로 예상보다 하루 늦은 내일 새벽 입항할 것 같다.

아피아 → 푸나푸티

2019.05.24. 푸나푸티 입항

*테 나모 라군 묘박

푸나푸티 Funafuti
남태평양 폴리네시아에 있는 투발루의 수도

***날짜 변경선은 영국 그리니치 천문대를 지나는 본초 자오선의 정반대에 있는 경도 180° 선을 말한다. 이 선을 기준으로 좌우 어느 방향으로 이동하느냐에 따라 각각 하루씩의 차이가 발생하게 된다.

새벽 3시 30분, 입항하면서 써치램프를 비추니 요트 3척이 묘박하고 있다. 우리 요트까지 합쳐 총 4척이라 동료가 생긴 기분에 입항부터 기분이 좋다. 푸나푸티는 2년 만에 두 번째로 입항한 것이라 감회가 새롭다.

투발루는 지구 온난화로 인해 몰디브에 이어 사라질 위기에 처한 나라다. 지금처럼 간다면 앞으로 40년 후면 영원히 바닷물 속으로 사라질 것이라고 한다. 새벽에 찍은 사진을 보니 투발루가 많이 변해 있었다. 지구 온난화로 해수면 상승을 대비해 종합청사 앞 백사장은 커다란 돌로 방파제 준설공사를 일부 마무리하고 진행 중이었고, 건물들도 많이 들어섰다.

어제 메인세일이 접혀서 나오지 않은 것을 억지로 윈치로 시트를 감았더니 툭 하고 끊어버렸다. 정박 중에 끊어진 것이 어떻게 보면 잘된 일이다. 항해 중에 끊어졌다면 설치하느라 힘들었을 텐데. 혼잣말로 중얼거린다. 기운 센 천하장사 김영애네.

푸나푸티

2019.05.25. - 05. 27. 기항지에서의 시간

어제 출입국사무소에 들렀을 때, 종합청사 2층에 있는 대만 농업기술 연구소 사무실을 잠깐 방문했다. 이곳 농장은 걸어서 10분 거리인 비행장 활주로 옆에 있다고 했다. 아침 일찍 딩기를 타고 육지로 건너가 대만 농장을 방문했다. 산호석 모래밭에 농장이 있다니 신기했다. 자동차로, 오토바이로, 걸어서 테 나모 라군Te Namo Lagoon 안에 정

박해 있는 요트 3척의 요티들도 농산물을 구입하려고 대기 중이었다.

무언가 쪽지를 나눠 주기에 보니 농산물 구입 순번 대기 번호였고, 나는 65번이었다. 그때그때 생산된 야채와 과일들을 똑같이 나눠 탁자에 나열해 놓고, 1번부터 순서대로 사가는 시스템이었다. 고르거나 선택할 여지는 없었다. 오늘의 배당량은 인당 오이 3개, 멜론 1개, 얼가리 배추 3포기. 오이와 부추를 넣고 오이김치를, 얼가리 배추와 부추를 넣고 겉절이 생김치를 담가 먹을 생각에 기분이 엄청 좋았다.

마을 사람들이 다 떠난 후, 요티들과 기념사진을 찍고 대만 농업기술 연구소 직원들과 대화 후 연구원의 안내로 농장을 견학했다. 대만은 남태평양 전역의 섬나라 원주민들에게 농업기술을 전수하고 있었다. 흙이나 부엽토, 비료 등은 대만에서 직접 공수한 후 사용하고, 이곳 원주민들이 생산과 판매를 하는 방식이다. 오이, 호박, 식용 박, 멜론, 배추, 무, 부추 등을 재배해 성공적으로 투발루 마트에 납품하며 인구 90% 이상을 먹여 살리고 있다고 한다.

5월 26일

아침이 되자 대만 농업기술 연구소 사람들이 멜론 3개와 무, 대만 견과류 두 봉지를 가져왔다. 이 친구들을 위해서 세일링 후 점심으로 김치 라면을 준비했고, 대만 친구들이 가져온 멜론을 잘라서 함께 먹었다. 이곳 투발루에서 대만 친구가 수박처럼 잘라준 멜론을 먹다니, 정말 사막의 오아시스 같은 기분이었다.

저녁 식사는 대만 농업기술 연구원들의 초대로 중국음식점 블루 오션 레스토랑Blue Ocean Restaurant에서 다 같이 먹었다. 코스 요리로 고급 음식이 나왔는데 너무 맛있었다. 거기에 보이차와 아삭이 대만산 옥수수까지 오랜만에 포식을 했다. 너무 고맙고 미안했다.

대만 연구원 첸Hank Chen의 숙소에서 세탁기를 돌리고 샤워를 했다. 눈이 아프다고 하니 본인 상비약인 안약까지 챙겨 주었다. 첸은 대만에서 이곳에 온 지 일주일이 되었다고 한다.

5월 27일

새벽녘 너무 더워서 자다 말고 콕핏에 나와 누웠다.

아침이 되자 대만 농장하고 약속한 10시에 배추 5kg, 오이 10개, 호박 6개, 부추 3kg를 구입했다. 선 포트로 가 경유 10통(200리터)을 싣고 와서 채우고, 얼갈이김치 1통, 오이소박이 1통을 담갔다. 대만 농업기술 연구원 첸에게 얼갈이 김치와 오이소박이김치를 가져다주고 왔다. 저녁은 요트에서 생김치와 함께 한식을 먹었다. 너무 맛있다.

푸나푸티 → 타라와

2019.05.28. 푸나푸티 출항

오전 8시, 투발루 푸나푸티에서 출항.

어느 곳이나 입항 전에는 설레고 기대되고, 떠날 때는 서운하다. 대만 농업기술 연구원들과의 추억이 오래도록 기억에 남을 것이다.

적도의 무풍지대 한가운데서

푸나푸티 → 타라와

2019.05.29. 항해 중

풍속 11~13노트, 선속 3.5~5.2노트.

별빛이 눈물이 나도록 아름답다. 남반구에만 뜨는 남십자성이 유난히도 초롱초롱 빛난다.

푸나푸티 → 타라와

2019.05.31. 항해 중

풍속 3~5.5노트, 선속 3.1~4.2노트 기주 항해 중.

새벽 5시, 알람 소리가 요란하다. 레이더를 보니 비구름이 섬처럼 보인다. 재빨리 돛을 정리하고, 거실의 해치창문를 닫고, 빨래를 걷고 주변을 정리했다. 10분 후, 소나기와 함께 25~32노트의 돌풍이 몰아쳤다.

오전 내내 소나기가 오다가 12시쯤 그쳤다. 앞바람에 풍속은 15~18

노트. 펀칭이 심해 요트는 이리저리 요동쳤다. 오늘 같은 날은 무풍일 때 엔진으로 항해하는 것이 더 나을 것 같다.

오후 1시 30분, 비가 그치고 수평선에 쌍무지개가 선명하게 떴다. 망망대해, 아무것도 없는 바다에서 보는 무지개는 여러 곳에 떠 있다. 흰 구름에 가린 무지개는 직선 모양, 점처럼 딱 찍힌 모양 등 다양한 모습으로 나타난다. 무지개가 사라지면 언제 비가 왔냐는 듯 하늘이 맑다.

밤에 접어들자 완전한 무풍이 된다. 엔진으로 항해하며 풍속은 4.7노트, 선속은 3.5~4.2노트. 오늘 밤은 어쩐 일인지 습기도 없고 선선해서 한국의 초가을 날씨 같다. 상쾌하다.

푸나푸티 → 타라와

2019.06.01. 항해 중

하루 종일 바람 한 점 없는 무풍.

어제 비가 와서 그런지 더운 공기가 싹 가시고 습도도 없고 날씨가 쌀쌀하다. 오랜만에 옷장에 있는 긴 옷을 꺼내 입었다.

오후 4시 30분, 소나기와 함께 동쪽에 커다랗게 일곱 색깔 무지개가 하늘과 바닷속으로 빠져서 오메가처럼 떴다. 장관이다. 사진 찍을 생각도 안 하고 넋을 잃고 바라봤다. 너무 예쁘다.

푸나푸티 → 타라와

2019.06.02. 항해 중

새벽 1시, 비가 잠시 오다 그쳤다. 비 개인 후 별빛이 온 하늘을 수놓았다. 커다란 원반 위에 돛단배 하나, 아름다운 별빛 아래 천천히

적도의 무풍지대에서

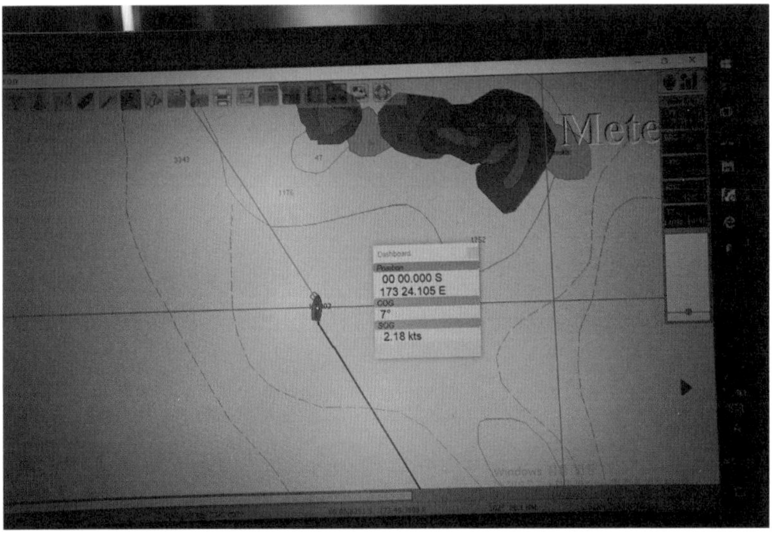

적도를 통과하는 순간

태평양 바닷물을 헤치며 북쪽으로 북쪽으로 가고 있다. 비가 개고 나니 저녁 바람은 선선하다 못해 춥다.

오늘도 무풍은 계속되고 기주 항해를 하고 있다. 풍속 3~6노트, 선속 3.7~4.2노트.

키리바시 공화국 타라와까지는 앞으로 230해리, 적도는 120해리 남았다.

푸나푸티 → 타라와

2019.06.03. 항해 중

무풍에 기주 항해를 많이 하다 보니 경유가 빨리 없어진다. 새벽에 1통 20리터, 아침 먹고 나서 또 7통 140리터를 주입했다. 총 8통 160리터가 들어간 셈이다. 이렇게 오랫동안 기주 항해를 계속하기는 처음이다. 벌써 6일째, 하루 평균 99해리 이동하고 있다. 적도의 무풍! 말 그대로 무풍이다.

오후 3시 30분, 지난 2월 16일에는 북반구에서 남반구로 이동하며 적도를 통과했고, 이번에는 북쪽으로 올라가며 적도를 통과한다. 위도가 남위[S]에서 북위[N]로 다시 변경되는 순간이다. 무풍지대도 이제 끝이다. 좌표는 0°00'000"N 173°24'098"E

적도를 통과한 기념으로 와인을 꺼내 왔다.

푸나푸티 → 타라와

2019.06.04. 타라와 입항

오후 1시, 키리바시 타라와의 베티오항에 입항 후 묘박.

투발루 푸나푸티Funafuti에서 키리바시 타라와Tarawa까지, 무풍의 적도 구간에서 총 721해리를 7일 5시간 20분 동안 엔진을 이용해 항해한 기록을 세웠다. 무풍 속에서의 항해는 옛 탐험선의 항해자들이 태풍보다 무섭다고 여겼던 것처럼 쉽지 않은 일이다.

미지의 먼바다를 항해하는 것이 사나이의 로망 중 하나인 것은 옛날 사람들도 마찬가지였던 모양이다. 그러나 바다는 가혹했다. 마젤란Ferdinand Magellan* 시대에는 범선에 수십 명의 선원이 타고 바람에만 의존해 대양을 항해하면서 많은 희생자가 발생했다. 몇 달 동안 육지를 보지 못하는 것은 기본이었다. 그 당시 범선 항해에서 선원들이 가장 무서워했던 것은 괴혈병과 쥐, 그리고 무풍지대였다. 앞바람이라도 불면 돛을 이용해 지그재그로 나아가는 것이 가능했지만, 바람이 불지 않으면 망망대해에서 동료 선원들과 바다만 바라보며 서서히 굶어 죽을 수밖에 없었다. 이렇게 무풍지대에서 선원들이 모두 굶어 죽으면 배는 해류를 따라 떠다니는 유령선이 되었다.

타라와

2019.06.05.-06.07. 기항지에서의 시간

타라와 Tarawa
중부 태평양 길버트제도에 딸린 섬, 키리바시 공화국의 수도

키리바시를 이루는 33개의 섬의 면적을 합하면 811제곱킬로미터.

*인류 최초로 대서양과 태평양을 횡단하는 세계 일주에 도전한 탐험가. 15세기~16세기 대항해시대의 주역이라 할 수 있다

우리나라로 예를 들자면 전라남도 고흥군보다 조금 더 큰 면적이다. 그러나 이 섬들이 워싱턴 D.C의 4배 크기인 약 350만 제곱킬로미터에 달하는 면적에 동서남북에 모두 걸쳐 드넓게 펼쳐져 있다. 바다의 영토 배타적 경제수역EEZ으로는 200마일, 약 370km로 태평양에서 두 번째로 크다. 무려 인도와 맞먹는 크기다.

검역소에서 보트를 타고 직원 3명이 묘박지로 나와 있다. 검역보다는 요트에 더 관심이 많은 듯하다. 손가락으로 가리키며 저기 보이는 어선 2척이 한국의 참치잡이 어선이라고 자랑하듯 이야기한다. 검역소 직원과 함께 있으며 거울을 잠시 보니 누가 원주민인지 분간이 안 될 것 같다. 계속되는 항해로 인해 까맣게 탔으니 미소 지으면 얼굴과 치아가 흑백으로 대비된다.

6월 6일

검역소 직원분이 소개해 준 엘리자베스 카부아Elizberth Kabaua 씨의 렌터카를 타고 함께 관광을 하기로 했다.

첫 일정으로 키리바시 공화국 끝에 있는 마을부터 방문했다. 코코넛 나무를 얼기설기 엮어 세운 원두막과 나뭇잎으로 만든 돗자리. 바깥에는 산호석 몇 개를 가져다 놓아 부엌을 만들었다. 까맣게 그을린 양은 냄비 두 개가 있을 뿐, 그릇 하나도 보이지 않는다. 우물은 지붕이 따로 없어 비가 오면 빗물이 다 스며드는 구조다. 마당에는 남태평양 어느 곳에서나 흔히 볼 수 있는 묘가 있는데, 평평한 바닥에 사람이 누울 만한 공간이 있고 직사각형 돌로 머리 부분을 표시해 두었다. 십자가 아랫부분은 조화 몇 송이로 장식되어 있다.

젊은 새댁이 아기를 안고 있는데 아기가 생글생글 웃는 모습이 매우 귀엽다. 비포장도로가 대부분이라 움푹 팬 길거리에는 스콜성 기후로 인해 빗물이 고여 있는데, 앞 학교 수업이 끝났는지 학생들이 깔끔한 교복 차림에 맨발로 하교를 한다.

부오타Buota 마을에서 만난 한 할머니 부부는 아홉 자녀와 다 같이 함께 모여 살고 있었다. 할머니가 돗자리를 만들어 생계를 이어가고 계셨고, 내게 돗자리 만드는 방법을 가르쳐주셨다. 보기에는 쉬워 보여도 어렵다. 몇 차례 시도 후 짜는 방법을 터득했다.

6월 7일

테 우마니봉Te Umanibong 역사박물관에 갔더니 기념행사가 한창이었다. 이곳 대통령 타네티 마마우Taneti Maamau까지 와서 기념사를 하고 있다.

이곳 키리바시 타라와에서는 행사가 끝나자 맛있는 현지 로컬푸드 음식인 생선구이, 찜, 타로 구이, 파파야, 구운 바나나를 타로Taro와 바나나잎을 일회용 그릇 삼아 담아준다. 우리나라의 시골 동네 이모님 같으신 원주민들이 이방인인 내 앞에 다양한 음식을 수북이 쌓아주며 많이 먹고 가라고 한다. 특히 코코넛 열매껍질로 만든 숯의 훈제 생선구이는 별미 중의 별미였다. 돌아갈 때 또한 음식을 한 보따리 싸서 주시면서 가져가라고 한다.

요트가 있는 베티오섬으로 돌아오는 길, 가이드 카부아 씨가 행사장에서 내가 훈제 생선구이를 맛있게 먹는 모습을 기억하고는 길거리 훈제 생선구이를 장시간 보관 가능하다며 20여 마리 사 주었다.

어떤 이의 기준에서는 이곳의 삶이 열악해 보일 수도 있다. 하지만 막상 내가 만난 주민들의 표정은 너무나 밝고 순수하기만 하다. 자연의 소중함을 잘 알고, 지혜롭게 활용하고 있는 모습이다. 자연과 더불어 살아가는 이들의 문화에 오히려 우리가 배울 점이 있다고 느껴졌다.

또한, 이곳은 태평양 전쟁 당시 한국인 징용자 1,200명 중 1,100명

바나나 잎에 담긴 키리바시 전통 음식들

이 희생된 땅이다.[**] 베티오 해변에는 조선인 희생자들을 위한 위령비가 세워져 있다고 한다. 이곳에 오고 나서야 알게 된 사실이다.

키리바시에는 '산山'이라는 단어가 없다. 환초가 둘러싸여 있고 최고 표고 2m, 앞뒤를 둘러봐도 보이는 것은 육지의 능선이 아닌 바다의 수평선뿐이다. 지구 온난화에 따른 해수면 상승으로 태평양의 섬나라 중 일부는 나라 전체가 물속에 잠길 위기에 처해 있다고 한다. 키리바시도 그중 한곳으로, 이르면 투발루와 마찬가지로 40년 후면 지구에서 사라질 수도 있는 슬픈 미래를 가진 나라다.

우리에게는 원양어선 기지로 유명한 태평양의 외딴 섬나라, 지구촌 한 가족으로서 오랫동안 보존될 수 있도록 모두가 꼭 기억하고 마음 써야 할 나라들이다.

**1943년 11월 20일, 타라와섬을 강제 점거한 일본군 4,800여 명과 상륙작전을 시도한 미군 3만 5,000여 명이 맞붙은 타라와 전투에서 76시간 만에 대부분의 일본군과 한국인이 사망했다.

"안녕하세요? 저는 한국인입니다."

타라와 → 코스라에

2019.06.08. 타라와 출항

이번 목적지는 645해리 떨어진 섬, 코스라에다.

오후 1시에 출입국 사무소 직원들이 보트 타고 와서 여권에 출국 도장을 찍어주었다. 점심을 단단히 먹고 오후 3시, 순항을 기원하며 출항했다.

현재 풍속은 5~8노트, 선속은 3~4노트로 기주 항해 중이다. 밤이 되자 흐린 날씨에도 어둠을 뚫고 반짝이는 별들이 하나씩 보인다.

타라와 → 코스라에

2019.06.09. 항해 중

크로스리치close reach* 방향으로 제노아가 바람 소리와 함께 윙윙거린다. 거기다 펀칭까지 박자에 맞춰 쾅쾅 소리를 낸다. 습도계는 70%를 가리킨다. 생각이 많아 마음이 편치 않다.

타라와 → 코스라에

2019.06.10. 항해 중

오후부터 갑자기 풍속 17~25노트. 제노아가 바람에 끌려다녀 접고 메인세일만 100% 펴놓고 항해한다. 파도가 1.5m 높이로 친다. 여기저기서 백파가 많이 보인다.

콕핏에 누워 있었더니 파도가 선미 쪽을 강타해 콕핏으로 바닷물을 쏟아붓는다. 놀이기구의 물벼락을 맞은 듯 생쥐 꼴이 되었다.

타라와 → 코스라에

2019.06.11. 항해 중

메인세일 시트가 접혀서 안 나온다. 낭패다. 지난번에도 그렇더니만. 마스트 펄링 방식 세일의 불편한 점은 이런 것 같다. 강풍에 감기지 않고 꼼짝 않으면 어떻겠는가? 여러 차례 강한 펀칭 시도 후 원상

---

*바람이 불어오는 방향과 요트의 진행 방향 사이의 각도가 약 60도 정도인 상태

회복이 되었다. 다행이다.

타라와 → 코스라에

2019.06.12. 항해 중

새벽 2시부터 아침 7시까지 견시. 풍속 15~18노트, 선속 4.7~5.8노트로 항해는 순조롭다. 요즘 들어 처음으로 하루에 125해리 항해를 했다. 시간당 평균 5. 2해리를 기록, 이틀 후면 코스라에에 도착할 예정이다.

저녁 7시부터 소나기가 엄청 쏟아졌다. 온 태평양이 민물 바다로 변할 기세다. 재빨리 빨랫감을 꺼내어 세탁했다. 스콜성 소나기라 1시간 후에는 맑은 하늘과 함께 어둠 속의 수평선에 비친 달그림자가 너울과 함께 춤을 추었다.

타라와 → 코스라에

2019.06.14. 코스라에 입항

코스라에 Kosrae
미크로네시아 연방에 있는 작은 섬

새벽 6시, 풍속 16~21노트, 선속 2.5~3.5노트. 날이 밝았을 때 입항하기 위해 천천히 항해 중이다. 오늘 아침 8~9시쯤 입항할 것 같다. 1.8m 높이의 파도에 아직도 요트가 이리저리 요동친다. 이번 항해는 마지막 날이 제일 힘들다. 남아 있는 체력이 다 떨어진 것 같고 그동안 오랜 항해로 지친 것 같다. 입항 후에는 더 잘 먹고 단단히 에너지 충전을 할 것이다.

저 멀리 산 정상에 코스라에의 상징 슬리핑 레이디Sleeping Lady가 보인다. 잠자는 여인의 봉긋한 가슴이 너무 아름답다. 오전 8시, 입항 허가를 바란다는 노란 깃발을 올리고 코스라에 레루 항구Kosrae Lelu Harbor로 들어섰다.

출입국사무소를 찾아갔더니 환영 인사보다 질타가 먼저 돌아온다. 사전 입국 신청을 하지 못한 탓이다. 미크로네시아 연방의 수도가 있는 폰페이로 먼저 입항해 입국 신청을 완료했어야 했는데, 미처 생각하지 못했다. 상황이 난감하게 돌아간다.

"안녕하세요? 저는 한국인입니다."

뜻밖에 한국말을 쓰는 사람이 구원자처럼 등장했다. 출입국사무소 직원 K 씨는 아버지가 한국인이란다. 내 요트에 걸린 태극기를 보고 자랑스러워한다. K 씨는 오늘 세 번이나 요트를 방문하고, 퇴근길에는 정말 예쁜 부인과 아이를 데리고 와서 소개시켜 주었다. 코스라에서만 생산된다는 청오렌지도 선물로 사 왔다. 사전 입국 허가는 내일 오후 4시까지 팩스로 답을 받을 수 있단다. 정말 고맙다.

코스라에

2019.06.15. - 06.20. 기항지에서의 시간

생활용수 등을 채울 때 필요한 정보를 구하기 위해 레루 항구에서 200m 떨어진 곳에 거주하는 스미스 시그라Smith Sigrah씨를 찾아가게 되었다. 그는 어떤 사람이든 외지인들은 무조건 자기 집으로 초대해 음

식과 편의를 제공하며 마을의 촌장 역할에 최선을 다하는 사람이었다.

늦은 저녁 밖에 아이들 소리가 나서 나가보니 이게 웬일인가? 한국의 시골 동네 아이들이 떠드는 것 아닌가? 알고 보니 한국인 2세 존슨Johnson 씨의 아이들이었다. 존슨 씨도 한국인 2세다. 사진 속 아버지와 두 아들들이 꼭 닮았다고 한다.

6월 16일

스미스 부부의 부탁으로 요트 콕핏에서 김치 강습을 하였다. 이곳에는 한국인과 현지인이 결혼하여 태어난 한국인 2세가 10여 명이 있다고 한다. 오늘 강습생 6명 중 2명도 한국인 2세다.

어제 이곳 마트에서 구입해온 배추는 소금에 절여서 바구니에 건져 놓고, 양념으로 마늘, 파, 생강, 무, 당근 등을 준비해 강습생들에게 다지고 썰어보라고 시켰다. 모두 다 잘 따라서 한다. 밀가루 풀도 잘 끓인다. 멸치액젓, 새우젓, 풀을 넣고 고춧가루, 생강, 마늘을 넣고 섞은 후, 다 함께 배추에 양념을 치대며 김치를 담갔다.

김치도 만들었겠다, 삼겹살에 보쌈 등 한국 음식을 준비해서 다 함께 와인 한 잔에 저녁 만찬을 즐긴다. 다들 즐거워하는 분위기다. 태극기 앞에서 온 가족이 연신 사진을 찍어대는 한국인 2세 부부들. 어찌나 좋아하는지 모르겠다.

6월 17일

스미스 씨가 손녀에게 한국 이름을 지어달라고 부탁하기에 '사랑'이라고 지어줬다. 온 가족 온 동네 여기에 머무는 요티님들의 사랑을 한 몸에 받는 코스라에의 귀염둥이 공주님으로 자라길.

스미스 씨가 손녀딸 사랑이를 안고 자장가처럼 흔들면서 아리랑 노래를 부른다.

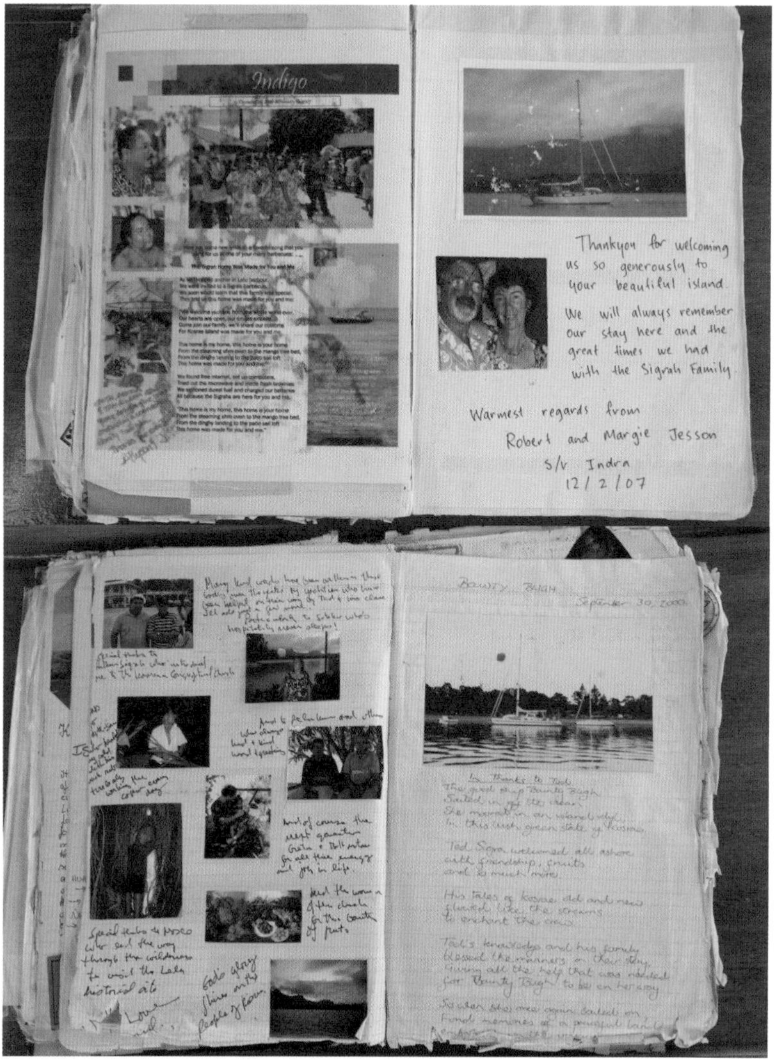
Indigo
Thankyou for welcoming us so generously to your beautiful island.
We will always remember our stay here and the great times we had with the Sigrah Family.
Warmest regards from
Robert and Margie Jesson
S/V Indra
12/2/07

방명록

아~리랑 아~리랑 아라리오 아~리랑 고개를 넘어간다.

아리랑 노래 가사의 뜻을 묻는데, 바로 설명하기가 어려웠다. 나중에 한국으로 돌아와 자세한 설명을 적어 이메일로 보내드렸다.

6월 18일

스미스 부부는 이곳에 입항하는 요트들을 집 앞으로 정박하게 한 후 생활용수 공급, 인터넷 공유 등 하나에서 열까지 다 챙겨 주시는 대단한 해결사다. 1970~2019년 현재까지 이곳을 다녀가고 이들의 도움을 받은 요트만 수백 척이다. 네 권이나 되는 두툼한 방명록에는 항해자들이 고마운 마음에 기록한 여행기와 다채로운 사연이 글과 그림, 사진들로 한가득 남아 있다.

한국인 최초로 기항 세계 일주에 성공한 재미교포 강동석 선장도 1997년 2월 17일 이곳에 입항했다고 한다. 이곳에 머물렀던 사연이 방명록 세 권째에 감사의 글과 함께 남겨져 있는 것을 발견하고 놀랐다. 이들 부부의 말에 의하면 강동석 선장이 그때 나이가 28세였다고 한다. 그리고 방명록에서 찾은 내용을 가리키며 한글로 적힌 문장이 무슨 뜻이냐고 묻는다.

"Stay healthy always, and thank you very much."

나는 이렇게 답하고 한국말로 다시 읽어 드렸다.

"항상 건강하세요. 대단히 감사합니다."

6월 20일

내일 출항한다는 소식에 스미스 부부가 다른 요티들과 나를 집으로 초대해 주었다. 스페인 란자로테 와인 한 병과 태극선 부채를 들고 그들의 집을 방문했다. 뷔페식으로 음식이 아주 많이 차려졌고, 슈퍼와 철물점 직원들은 밖에서 계속 생선과 고기를 야자숯에 굽고 있었다.

사랑이 할아버지 스미스 씨는 오랜만에 명절에 만난 대가족 같은 분위기로 모두를 따뜻하게 맞아주었다. 손님들 한 사람 한 사람에게 맥주를 한 잔씩 따라주며 안부를 묻는 모습이 인상 깊었다.

코스라에 → 사이판

2019.06.21. 코스라에 출항

2017년 이곳에 기항했을 때, 팔라우Palau에서 시집왔다는 베티 필립Betty PHillip 할머니를 뵌 적이 있다. 그때 인터넷을 사용하게 해 주시고 고소하고 맛있는 코코넛 닭죽도 끓여주셨던 기억에 이번에도 몇 번 뵈러 갔었는데 계속 만나지를 못했다. 오늘 출항한다고 인사드리러 김치 한 통과 프랑스산 주스, 태극선 부채를 들고 찾아갔더니 그동안 외출하셨던 할머니께서 마침 집에 계셔 드디어 만날 수 있었다. 나를 꼭 끌어안고 무척 반가워하신다.

한참 인사를 나누고 요트로 돌아왔는데, 1시간도 채 지나지 않아 할머니께서 다시 나를 찾아 오셨다. 가는 길이 아쉽고 서운하다며, 직접 만드신 목걸이와 나뭇잎으로 직접 짠 핸드백, 긴 나무 주걱, 파인애플, 바나나, 청 오렌지, 과자, 땡초가루 한 병 등 손주와 함께 자동차에 싣고 온 짐이 한 보따리이다. 행운을 빈다며 내 목에 목걸이를 직접 걸어주신다. 태평양 원주민들에게 행운을 상징하는, 직접 원석에 구멍을 뚫어 실에 꿴 목걸이다. 이렇게 고마울 수가. 코끝이 찡하고 눈물이 난다. 오래전 돌아가신 나의 할머니가 살아 돌아오신 듯하다.

할머니, 오래오래 사세요. 꼭 다시 한번 만나러 올게요. 건강하세요.

사랑이 할머니, 할아버지도 잘 가라며 안아주며 눈물을 글썽였다. 동네 생선가게 아주머니는 내가 좋아하는 망고크랩과 생선 몇 마리를 싸들고 달려 나오셨다. 모두에게 다음에 또 오겠다고 인사했다.

안녕, 인정 넘치는 코스라에!
코스라에에서의 7박 8일은 평생 잊지 못할 것이다.

필리핀해에서 동중국해를 거쳐 다시 한국으로

6장

요트는 항해자를 무한히 사랑한다

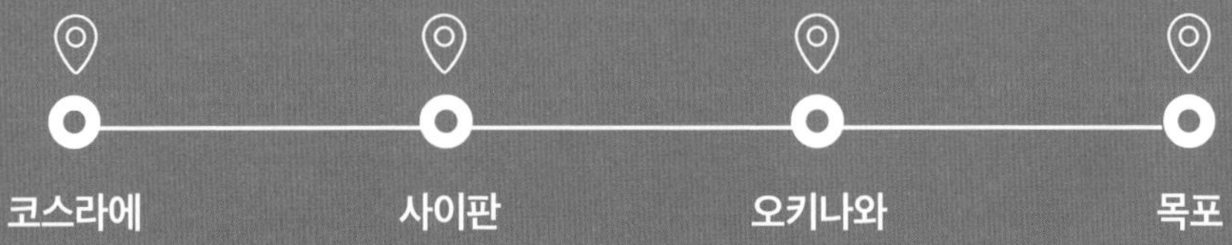

항해 중 포착한 경이로운 순간들을 생생한 영상으로 미리 만나보세요!

I am sailing,
저 바다 건너 평안의 고향으로

코스라에 → 사이판

2019.06.22. 항해 중

어젯밤에 비바람과 강풍이 불어와 메인세일을 재빨리 감다가 마스트 펄링에 걸려 나오지 않게 되어 현재는 제노아 돛만 펼치고 항해 중이다. 강풍에 메인세일이 접히지 않은 것보다는 다행이지만, 가끔 이런 일이 벌어지니 신경이 쓰인다.

코스라에 → 사이판

2019.06.23. 항해 중

저녁 7시부터 새벽 2시까지 견시. 풍속 13~21노트, 선속 4.7~5.5노트.

새벽녘 달빛이 온 태평양을 대낮같이 밝혀 준다. 이렇게 밝은 달을 보면 좋으면서도 때론 눈물이 나고 서럽다. 갑자기 달님은 내 마음을 아느냐고 묻고 싶어진다.

코스라에 → 사이판

2019.06.24. 항해 중

풍속 14~17노트, 선속 4.8~5.6노트. 순풍에 돛단배다.

아침에 일어나면 동그란 원반 하늘을 빙 둘러본다. 태평양의 아침은 항상 구름의 모양과 움직임으로부터 시작한다고 해도 과언이 아니다. 날마다 보는 하늘이지만 해, 달, 구름, 바람 모두 날마다 다르다. 하루도 같은 날은 없다. 다른 모습을 날마다 카메라에 담는다.

오늘은 팔라우 할머니와 사랑이 할머니의 선물을 콕핏에 놓고 기념사진을 찍었다. 몸이 많이 약해졌는지 미세한 멀미로 두통과 어깨 결림으로 오전에 낮잠을 잤다. 야간항해를 위해서라도 쉬어야 한다.

코스라에 → 사이판

2019.06.25. 항해 중

밤새도록 비가 오고 돌풍이 불었다. 아침에 보니 언제 그랬냐는 듯 좌현 하늘에 무지개가 흰 구름 사이로 떠 있어 기분 좋은 하루의 시작을 알렸다. 이런 날 아침에는 사진 찍느라 피곤함도 잠시 잊는다.

날씨가 맑고 너무 더워 샤워라도 하면 좋겠지만, 생활용수를 아껴야 한다. 앞으로 6~7일은 더 항해해야 한다. 점심으로 빵과 바나나 주스를 만들어 마시고 냉장고 속에 시원한 오이를 꺼내 깎아 먹었다. 더위와 갈증이 싹 가신다. 더위에는 탄산음료보다 오이가 최고다.

코코넛을 냉장고에 넣었다가 꺼내 씨눈 부분을 칼끝으로 뚫고 빨대를 꽂아 시원한 수액을 빨아 마신다. 아무리 단단한 코코넛이라도 껍질 한가운데를 돌려가며 칼등이나 숟가락으로 치면 두 개로 분리된

선물바구니

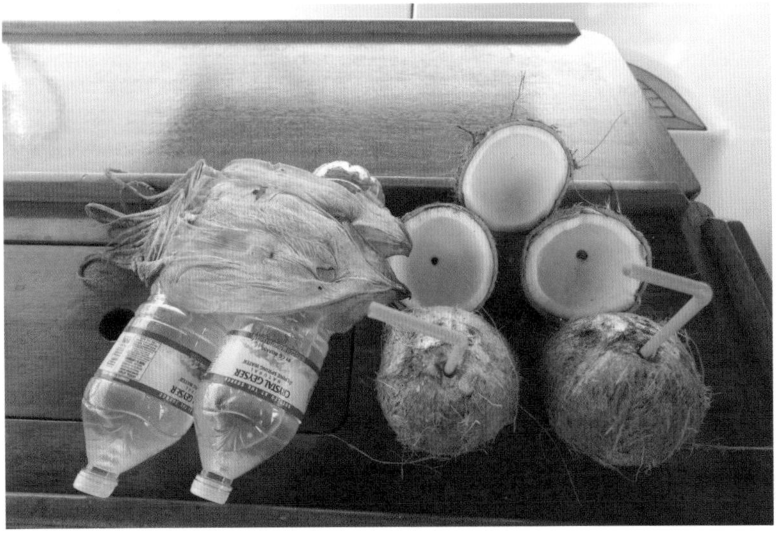

코코넛 음료

다. 코코넛 과육 하얀 속살은 숟가락으로 파먹으면 고소하고 너무 맛있다.

코스라에 → 사이판

2019.06.27. 항해 중

사모아에서 주입한 LPG 가스가 6일 만에 떨어져 당황스럽다. 원래는 15일은 사용해야 하는데. 내일부터 사이판에 도착할 때까지 비상용 소형 가스레인지를 사용해야겠다. 다행히 비상용 가스레인지가 두 개라 큰 문제는 없을 것 같다.

코스라에 → 사이판

2019.06.29. 항해 중

밤하늘에는 초승달이 예쁘게 떠 있고, 그 달빛에 반짝이는 북태평양의 바닷물이 일렁이는 파도에 맞춰 춤을 춘다.

하루 종일 풍속 9~11노트, 선속 3.5~5.0노트로 기주 항해 중이다.

코스라에 → 사이판

2019.07.01. 항해 중

오늘은 집 나온 지 350일째 되는 날이다. 눈이 충혈되고 눈곱 끼고 아프다. 스와로우섬에서 퍼온 생활용수에 문제가 있었다. 물의 중요성을 다시 한번 느낀다.

저녁 샤워 후 머리를 말리는데 알람 소리와 함께 풍속 25~29노트의 비바람이 몰아친다. 장대비가 아니라 두레박으로 퍼붓는다. 태평양 바다에 물난리가 날 일은 없겠지만 무시무시하다. 20여 분을 그렇게 퍼붓더니 금방 언제 그랬냐는 듯이 맑아지고 하늘엔 별들이 총총 반짝인다.

저녁 9시, 사이판이 직선거리로 32해리 남았다. 저 멀리 사이판의 도심 불빛이 보이고 등대 불빛이 2초 간격으로 깜박거린다. 10일 만에 보는 육지 불빛이다.

코스라에 → 사이판

2019.07.02. 사이판 입항

사이판 Saipan
서태평양 북마리아나 제도 남부에 있는 섬

오전 8시 10분, 사이판 스마일링 코브 마리나Smiling Cove Marina에 입항했다.

이곳 사이판에서 최소한 2~3주, 아니면 한 달 정도 쉬고 싶었는데, 비자에 문제가 생겨 5일만 머무를 수 있는 상황이 되었다. 낭패다.

마사지샵을 방문해 몇 달 만에 태국 마사지를 받았다. 그동안 쌓인 피로가 한 방에 풀린 것 같다. 그런데 마사지 직원이 안내에 쓰여 있는 요금 50달러를 받지 않고 자꾸 거스름돈을 내어 준다. 이유를 물어보니, 까맣게 그을린 내 얼굴 때문에 이곳 원주민인 줄 알았다고 한다. 마사지를 받고 나니 졸음이 밀려와, 어떻게 배로 돌아왔는지도 모르겠다.

코스라에 → 사이판

2019.07.03. - 07.07. 기항지에서의 시간

아침에 일어나니 마리나 앞에 있는 마나가하 해변을 향해 레저 보트들이 줄줄이 나가고 있다. 보트에 탄 사람들이 한국말로 "안녕하세요?"라고 인사를 하며 지나간다. 스쿠버 다이빙, 바나나보트, 파라 세일링, 낚시 등 다양한 액티비티가 있는 사이판은 정말 어디를 가나 한국인들이 많다. 마치 한국의 유원지에 온 느낌이었다.

마리나에 있는 물탱크 수도 배관이 고장 나서 수리한 후 생활용수 700리터를 채웠다. 마리나 직원 3명이 호스를 연결하여 내부를 대청소했다. 마침 소나기가 내려 외부에 남은 바닷물도 어느 정도 제거되어 끈적임이 사라져 상쾌했다.

오후 2시가 되니 조수 간만의 차가 심해서 바닷물이 1~2m 이상 빠졌다. 덕분에 산호들과 형형색색의 물고기들이 보였고, 2차 세계대전 때 격파되어 수장된 배와 대포들이 괴물처럼 나타났다. 여기저기 수면 위로 올라온 흔적들이 그 당시 상황을 말해주는 듯하다.

오래전 이곳 마리나에서 스쿠버 다이빙 중 2차 세계대전 때 침몰한 비행기와 배들을 보았던 기억이 떠올랐다. 그 사이를 헤엄치는 검은 물고기들은 그때 돌아가신 분들이 환생한 것처럼 느껴져 솔직히 무섭기도 했다.

또한 선셋 크루즈에서 카타마란에 승선해 마나가하섬을 한 바퀴 돌며 뷔페를 먹었던 기억도 생생하다. 사람들과 바다 위에서 "I am sailing, I am sailing, home again across the sea"* 노래를 들었던 그때가

*로드 스튜어트(Rod Stewart), <Sailing>

엊그제 같은데 벌써 15년이 지났다. 잠시 옛 추억에 잠겨 있노라니 저 멀리서 아직도 노랫소리가 들려오는 듯하다. 그때 그 사람들은 지금 어디서 무엇을 하고 있을까?

7월 4일

오늘 오후 2시부터는 사이판 독립기념일**을 기념하는 시가 행렬이 있었다. 살을 파고드는 듯한 살인적인 더위에도 불구하고 많은 사람들이 좋은 자리를 차지하기 위해 경쟁했다.

카 퍼레이드에서는 2차 대전 참전용사 할아버지가 1번 탑승자로 우대 받았다. 그리고 2018년 태풍 피해 당시의 상황을 재현하고 다시 일어섰다는 것을 트레일러 자동차에 표현했다. 자세하게 보니 그때 부서진 양철지붕과 전봇대 등을 소품으로 사용했다. 다음으로는 다국적 이민자들이 각 나라별 전통 의상을 입고 악기 연주에 참여했다. 대만의 밴드부와 필리핀의 민속춤이 이어졌다.

행사장에서 빠질 수 없는 먹거리 한마당에는 음식점과 음료수 좌판대에 사람들이 몰렸다. 더위가 심해 콜라 한 캔을 사 마셨고, 길게 줄 서 있는 것이 힘들어서 눈앞에 보이는 맥도날드에서 커피와 햄버거를 간식으로 사 먹었다. 저녁 불꽃놀이를 구경한 후에는 한국인 커피숍에서 커피 한 잔을 마시고, 밤빵, 바나나빵, 카스텔라를 사서 요트로 돌아왔다.

7월 5일

사이판 출입국 사무소에서 출항 일자를 확정받아서 서서히 출항 준비를 해야 한다. 경유 13통(260L)을 구입하고, 마리나에서는 숙박이

**사이판에서 7월 4일은 해방기념일로 불린다. 미군이 만든 강제 수용소에서 해방된 날이기 때문이다.

금지되므로 한국인이 운영하는 게스트하우스를 찾아 나왔다. 낮에는 요트에 있고 밤에는 게스트하우스에서 지내기로 했다. 교포가 운영하는 민박에서 3박을 예약했다. 민박집 여사장님이 매우 친절하고 좋으신 분이어서 많은 편의를 봐주셨다.

저녁에는 호텔 디너쇼를 관람했다. 북마리아나제도의 원주민인 차모르족 전통춤 공연이 열렸다. 춤 동작이 부드럽고 유연했다. 차모르족의 춤은 종종 자연 현상이나 동물의 움직임을 모방하며, 공동체의 화합을 상징하는 동작을 몸으로 표현한다고 한다. 부족의 전설과 신화를 전달하는 중요한 수단이기도 하다.

7월 6일

서서히 출항 준비. 여행자보험 1년이 만기가 되어 추가 가입을 했다. 마리나에서 걸어서 10분 거리에 있는 사무실에 가서 미리 세관 신고도 하고, 한국 식재료 전문 마트에서 수박과 옥수수도 넉넉히 구입했다. 이제 사이판섬을 한 바퀴 돌아볼 차례다.

사이판은 예전부터 스쿠버 다이빙하러 자주 왔던 곳이다. 제2차 세계대전 당시 미군에 쫓기던 일본인이 마지막까지 저항한 최후의 격전지 사이판. 패망 직전 일본군 전원이 자살했다는 만세 절벽, 일본군 최후사령부 등에서 당시의 흔적을 느껴볼 수 있다.

그중 내가 올 때마다 꼭 들리는 장소는 한국인 위령 평화탑. 사이판섬 북부 마피산山 부근에 있는 탑이다. 제2차 세계대전 당시 일본은 한국인들을 강제 징용하여 이곳으로 데려왔는데, 그때 희생된 한국인들을 추모하기 위하여 1981년에 '해외 희생 동포 추념 사업회'의 주도로 만들어졌다. 회색빛 5각 6층의 기단 위에 탑신이 얹어진 형태이고, 탑의 제일 위에 놓인 평화의 상징인 비둘기는 한국을 향하고 있다. 조상들의 넋을 고국으로 모신다는 의미를 담고 있다. 정면에는 한자로 '태평양한국인위령평화탑太平洋韓國人慰靈平和塔'이라고 쓰여 있다.

살아생전 할머니는 자주 눈물을 흘리며 큰아버지에 대해 말씀하시곤 했다. 큰아버지는 꽃다운 나이 21세에 징용되어 태평양 전쟁에 참전하고 돌아가셨다고 한다. 할머니는 평생 큰아버지를 가슴에 묻고 슬퍼하셨다. 앨범 속 빛바랜 큰아버지 사진을 보시며 하시는 말씀. 똑똑하고 총명한 내 아들, 씩씩하고 꿈 많은 내 아들, ……. 풍문으로 파푸아뉴기니에서 돌아가셨다는 말만 겨우 전해 들었다고 한다. 이 태평양 바다 어느 섬, 어느 나라에 잠들어 계실까?

위령탑 앞에는 유난히도 불꽃나무 꽃이 유난히도 진하게 피었다. 고향에 가지 못한 영령들의 한恨을 보는 듯하다.

7월 7일

경유 3통과 휘발유 1통을 추가로 구입한 후, 게스트하우스 한국인 여사장님의 안내로 타포차우산Mount Tapochau 정상에서 해넘이를 촬영했다. 해발 474m 높이의 타포차우산은 사이판의 최고봉으로, 정상에 올라서면 사이판의 전경을 360도로 조망할 수 있다. 서쪽으로는 사이판의 번화가인 가라판과 아름다운 마나가하섬이, 동쪽으로는 탁 트인 넓은 바다가, 남쪽으로는 사이판 최대의 담수호인 수수페호가 보인다.

이토록 아름다운 타포차우산도 전쟁의 그림자를 피할 수는 없었다. 섬의 중심에 위치한 탓에 주요 전투 지점이 되었고, 1944년 일본군과 미군 간의 격렬한 전투가 벌어졌다고 한다. 현재 타포차우산 정상에는 전망대와 함께 평화를 기원하는 예수 그리스도상이 세워져 있다.

산 정상에서 내려오는 길, 성모마리아상이 있는 암벽과 마르지 않

사이판의 한국인 위령 평화탑

붉게 피어난 불꽃나무

는 샘물을 보았다. 민박집 아주머니 말에 따르면, 몇 년 전까지 한국인 위안부 할머님이 이곳에서 청소부로 일하며 신분을 숨기고 살다가 돌아가셨다고 한다.

태풍 다나스(DANAS) 발생

사이판 → 오키나와

2019.07.08. 사이판 출항

다음 기항지는 일본 오키나와다.

오전 10시 30분, 만조 시간에 맞춰 출발했다. 출발지인 스마일링 코브 마리나Smiling Cove Marina는 수심이 2미터로, 조수 간만의 차가 심해 입출항 시에는 만조 시간을 꼭 지켜야 한다. 특히, 이 지역은 암초와 수초가 많아 수심이 좀 더 깊은 육지 쪽으로 붙어서 천천히 접근하는 것이 안전하다. 현재 날씨는 일기예보와 일치하여 풍속 5~9노트의 무풍 상태이다. 엔진 RPM 1,300 선속 3.5노트.

오후 5시쯤, 지나가는 상선 1척을 발견했다. 사이판 방향이 아닌, 우리 옆으로 지나가는 상황이다. 저 상선의 행선지가 갑자기 궁금해진다. 바다 위에서 만나는 상선은 언제나 그 뒤에 숨겨진 이야기를 상상하게 만든다.

사이판 → 오키나와

2019.07.09. 항해 중

사이판 출항 이후 계속 기주 항해 중이다. 현재 풍속은 5~9노트, 선속은 3. 5~5노트로 무풍 상태다. 콕핏에서 낮잠을 자다가 발이 뜨겁고 쓰리며 아파서 일어났다. 햇볕에 직접 노출되지 않았는데도 이런 증상이 나타나는 건 처음이다. 사이판 게스트하우스에서 에어컨 바람에 익숙해져서인지 코감기와 머리 통증이 있다. 바다 위에서의 일상이 또 이렇게 시작되었다.

사이판 → 오키나와

2019.07.10. 항해 중

아침부터 강한 햇볕이 살을 파고들 듯 따갑고 아프다. 오늘도 더위와 싸워야 할 것 같다. 열대지방에 사는 사람들이 어떻게 지내는지 궁금하고, 더운 나라에 사는 사람들에게 미안한 마음마저 든다.

오늘 오후 3시부터 바람이 불어 세일을 시작했으며, 풍속 10~15노트, 선속은 4.7~6노트로 좋아졌다. 너무 더워서 일어났는데, 밤 11시쯤 저 멀리 불빛에 배 한 척이 지나간다. 반달의 달빛이 휘영청 밝다. 이제 일주일 후면 보름달이 떠오를 것이다.

사이판 → 오키나와

2019.07.11. 항해 중

새벽부터 풍속은 10~13노트, 선속은 5~6.3노트로 순풍이 불어 돛단배가 순조롭게 항해하고 있다. 아침 햇살이 찬란하게 아름답고, 흰 구름이 두둥실 떠 있다. 늘 그렇듯이 저 구름 속에서 할머니의 얼굴을 찾게 된다. 흰 구름이 떠 있는 날에는 마음이 설레다가도 아프고 서글프고 눈물이 나기도 한다.

빌지bilge*가 차서 모터 작동 스위치를 올리니 작동이 안 된다. 예비로 수중 모터가 준비되어 있지만 난감한 상황이다. 대양 항해의 기본은 모든 기계 장비를 혼자서 정비할 줄 아는 것이기에, 이번 문제를 어떻게 해결해야 할지 고민이다. 먼저 수동 펌프로 퍼내기로 했다.

밤 11시, 알람 소리와 함께 좌현 8해리 떨어진 지점에서 사이판 쪽으로 배 한 척이 지나간다.

사이판 → 오키나와

2019.07.12. 항해 중

아침부터 하루 종일 흐리고 이슬비가 오락가락하며 약한 돌풍이 한 차례 지나갔다.

풍속은 9~15노트, 선속은 5~6.5노트다. 순풍에 돛을 달고 항해하니 저녁 노을이 환상적이다. 이렇게 붉게 물든 바다는 제주~대만 항해 중에 보고 처음이다. 이 아름다움을 다 담을 수 없지만, 미친 듯이 카메라 셔터를 눌렀다.

이렇게 해넘이가 아름다운 날에는 불안하다. 다음 날 날씨가 좋지 않다.

---

*요트 밑바닥에 바닷물과 기름 등이 모이는 부분

사이판 → 오키나와

2019.07.13. 항해 중

어제 해넘이가 그렇게 아름답고 환상적이더니, 오늘은 온 하늘에 구름이 가득하고 하루 종일 비가 올 징조다. 오전 10시부터 돌풍이 불며 풍속이 25노트에 달했고, 오전 11시 30분부터는 강한 소나기가 내린다. 잠시 후, 비바람이 잠잠해지면서 풍속이 5~10노트로 줄어들었다. 한다. 어제처럼은 아니지만, 오늘도 저녁 노을이 아름답다.

사이판 → 오키나와

2019.07.14. 항해 중

새벽 4시부터 오전 8시까지 견시, 풍속 6~9노트 선속 4.7~5.2노트로 기주 항해. 오늘은 출항한 지 6일째 되는 날로, 앞으로 5일은 더 항해해야 목적지인 오키나와에 입항할 수 있다.

날치가 수면 위로 솟구치더니 저 멀리 20~50미터 이상 날아간다. 그때를 기다리며 저공 비행하던 군함새가 날아오르는 날치를 재빠르게 낚아채서 하늘 높이 날아오른다. 영국 BBC 다큐멘터리에서 본 기억에 따르면, 만새기가 날치를 잡아먹기 위해 쫓아오면, 날치는 이를 피하고자 수면 위로 날아오르고, 그때를 기다리던 군함새가 날치의 생사를 판가름낸다고 한다. 참 아이러니한 일이다. 날치가 바람을 타고 100미터 이상 날아가는 것도 봤다.

오늘은 조용히 지나가나 했더니 저녁 9시부터 10분 동안 비바람에 돌풍이다. 풍속 27노트. 이때부터 시작된 돌풍이 매시간 반복하며 새벽까지 계속 된다.

사이판 → 오키나와

2019.07.15. 항해 중

오늘부터는 동경 34°. 한국, 일본과 같은 시간을 적용하기로 했다.

초저녁 동안 달 밝은 밤하늘에는 큰 먹구름들이 이리저리 이동하더니 밤새 비와 돌풍이 몇 분 간격으로 오락가락해 정신이 하나도 없다. 밤 11시부터 비바람과 돌풍이 몰아치며 풍속은 23~28노트에 달했다. 새벽 4시에는 메인 세일이 두 겹, 세 겹으로 접힌 상태에서 엄청난 소나기와 돌풍이 불어 요트가 이리저리 요동치며 혼을 쏙 빼놓는다.

사이판 → 오키나와

2019.07.16. 항해 중

집을 나온 지 1년째 되는 날이다.

2018년 7월 17일 인천공항을 출발해 모스크바 항공을 타고 모스크바에서 1박 후 크로아티아 자그레브 공항에 도착했었다. 엊그제 같은데 벌써 1년이 흘렀다.

오늘도 어젯밤처럼 바람이 거세다. 태평양 전역에 바람이 몰아치고 풍속이 23~32노트에 달한다. 바람이 이리저리 뛰어다닌다는 표현이 딱 맞다. 이제 오키나와까지 273해리 남았다. 하나님께서 나의 눈과 귀가 되어 안전하게 항해하도록 도와주시길 기도한다.

어젯밤 꿈에 손주가 요트에 있었는데, 바다로 떨어질까 봐 조바심이 났다. 장난감이 없어 요트에 있는 풍선을 불어주려고 했는데, 묶으려 할 때마다 터지고 찢어졌다. 실로 묶으려 했지만 실이 짧았다. 또 다른 꿈에서는 내가 사는 집이 아파트인데 물 위에 떠 있는 집이었고, 홍수로 물이 불어 집이 둥둥 떠다니기 직전이었다.

오후 내내 강풍이 불고 풍속은 25~34노트에 달했다. 큰 파도에 무섭고 너무 힘들다. 멀리서 큰 유조선이 지나갔다. 무전기로 연락했지만, 파도 소리와 엔진 소리 때문에 잘 들리지 않았다. 오키나와의 현재 날씨를 물어보려 했는데 실패했다.

오늘도 달이 밝다. 달 밝은 밤에 파도는 높고 바람은 점점 더 강해지며 풍속은 35노트까지 올라갔다. 먼 하늘의 달을 바라보는데, 달 뒤로 상투 튼 할아버지 형상이 보여 소름이 돋았다. 순간 무서웠다. 샤워한 지 1시간도 안 돼 파도가 뱃전에 부딪혀 콕핏에 바닷물이 쏟아졌다. 멍하니 앉아 있는 나에게 바닷물을 뒤집어씌웠다. 젠장! 밤 11시가 되었지만, 바람과 파도는 여전히 그대로다. 풍속은 25~35노트, 선속 4~5노트로 항해를 이어간다.

사이판 → 오키나와

2019.07.17. 항해 중

새벽 3시부터 세일을 접고 기주 항해 중이다. 풍속 25~35노트. 아직도 바람이 세다. 수동으로 핸들을 잡고 항해한다. 새벽 5시 30분, 소나기가 또 내린다. 이 시점 이후로 항해할 거리는 180해리 남았다. 내일 밤에는 오키나와의 기노완 마리나에 입항할 것 같다. 오전 내내 비가 오락가락해 콕핏에 올라갔다 내려오기를 반복하며 견시를 했다.

파도와 바람에 시달려 약하게 멀미가 온다. 오후에는 방에서 잠깐 쉬었지만, 비는 하루 종일 계속됐다. 풍속은 26~37노트, 선속은 4~5노트로 항해가 너무 힘들다. 이번 사이판 비자 문제로 쫓기듯 항해를 시작한 것이 문제였다.

저녁 6시 10분, 바람이 수상해서 지인인 요티 L에게 전화해 날씨 정보를 부탁했다. 10분 후 다시 전화를 하니 필리핀에서 제5호 태풍 다나스DANAS가 발생했고, 그 영향으로 오키나와 연안 바다는 입항 예정일인 모레까지 풍속 30노트 이상의 바람이 불 것이라는 정보를 들려 준다.

엔진 RPM을 1,500으로 올리고, 강풍에도 세일을 좀 더 펴서 선속을 5~6노트 이상으로 유지하며 항해 중이다. 내일 저녁까지 최소한 빨리 입항할 수 있도록 열심히 노력하고 있다. 화를 참지 못하고 이것저것 신경을 썼더니 가슴이 두근거리고 온몸이 경직되고 아파서 안정제를 먹었다. 대서양 항해 때 이후 거의 7~8개월 만에 처음으로 먹는 것 같다.

사이판 → 오키나와

2019.07.18. 항해 중

*우루마시 해군기지 앞으로 피항

제5호 태풍 다나스DANAS가 오키나와를 향해 정신없이 몰아치고 있다.

최고 풍속은 45노트에 달하고, 항해 중에도 30~37노트의 강한 바람이 계속해서 불어온다. 예보에 따르면 오늘과 내일 풍속은 계속 40노트 이상으로 유지될 것이라고 한다. 파도와 바람은 무섭게 불어닥쳐, 큰 산 같은 파도가 밀려올 때마다 요트가 바닷속으로 사라질 것 같은 위기가 닥친다. 요트는 마치 서핑 보더가 파도를 타듯이 잘 헤쳐 나가고 있지만, 여전히 위태롭다.

강한 비바람 때문에 오토파일럿이 작동하지 않아 수동으로 항해하고 있다. 새벽 4시, 이제 73해리 남았다. 새벽 5시 30분, 강한 비바람과 태풍으로 정신이 없다. 하나님, 무사히 귀항하게 해주세요! 큰 파도가 요트를 금방이라도 삼킬 것 같고, 앞이 보이지 않는다. 마치 큰 블랙홀 웅덩이에 빠져 허우적거리는 기분이다.

오전 8시, 내가 다니는 교회 목사님과 D 집사에게 전화해 기도를 부탁했다. 눈앞에 닥친 현실이 너무 무섭고 힘들어서, 어젯밤에 이어 오늘 아침에도 안정제를 먹었다. 큰 파도에 펀칭된 콕핏으로 바닷물이 실내에 들어오면서 요트가 흔들렸다. 미끄러져 넘어지며 머리가 해도 테이블에 부딪혀 피가 났다. 뇌진탕이 아닌 것이 다행이지만, 머리가 너무 아프다. 거실과 침실은 난장판이 되었다.

오전 10시 30분, 풍속은 41~45노트에 달한다. 2010년 중국 청도 범선 축제에서의 좌초 이후 최악의 상황이다. 다시는 요트 옆에 가지 않겠다고 다짐했으나, 그로부터 한 달도 안 되어 항해를 시작했고 지금까지 왔다. 속으로 후회까지 든다.

해도를 보고 제일 가까운 우루마시 해군기지 앞으로 피항하기로 결정했다. 무전기로 일본 해안경비대에 피항 사실을 알리고 피항지 방향으로 뱃머리를 돌렸다. 피항지로 항해하는 것도 쉽지 않다. RPM을 1800까지 올려도 요트는 힘들어하고, 높은 파도로 앞이 보이지 않는다. 방파제 앞에 도착하니 입구 갯바위에 부서지는 파도가 엄청났다. 간신히 방파제 안으로 들어가니 피항지에는 큰 중국 어선 6척이 피항해 있었다. 들어와 보니 이름만 피항지일 뿐이다. 앞에 있는 섬이

태풍에 요트가 하염없이 출렁인다.

일본 해안 경비대

바람을 조금 막아주지만, 풍속은 여전히 32~35노트다.

사이판에서 일본에 입국한다는 사전 신고를 했었고, 피항하면서 무전으로 불렀더니 일본 해안 경비대 직원들이 나왔다. 일본 해안 경비대Japan Coast Guard PC115호는 무전기로 환자는 없는지, 필요한 것이 없는지, 현재 상황을 하나에서 열까지 세심하게 물었다. 이곳은 수심이 얕은 곳이니 조심하고, 특히 강풍에 닻이 빠질 수 있으니 주의하라고 한다. 무전기로 태풍 상황을 실시간으로 알려주며 세심하게 배려해 주는 것이 참 고맙다. 하나님께서 응답해 주셨다. 감격스러워 눈물이 난다. 너무 피곤하고 피로가 몰려와 저녁을 먹자마자 깊이 잠들었다. 밤 12시, 일본 해안경비대 직원이 직접 찾아와 서치라이트를 비추며 나를 부른다. 피항 중인 배마다 현재 상황을 파악하고자 무전을 했는데 답이 없어 무슨 일이 있는지 확인하러 왔다고 한다. 고맙고 죄송한 마음이 들었다.

태풍 다나스DANAS는 필리핀에서 지은 이름으로 '경험'을 의미한다고 한다. 이번 항해를 통해 나는 큰 경험을 하고 있다. 요트는 안전하다. 요트는 항해자를 무한히 사랑한다.

오키나와(우루마)

2019.07.19. 피항지에서의 하루

우루마 Uruma
오키나와현에 속한 시로 '산호의 섬'이라는 뜻의 오키나와 방언 '우루마'에서 유래한 지명

새벽 6시에 일어나 밖으로 나가 보니, 오늘도 풍속이 25~35노트에 파도는 1미터 이상이다. 요트는 쿵쿵거리며 이리저리 정신없이 흔들

린다. 부서지는 흰 파도와 옥빛 바닷물은 매우 아름답다. 바닷가를 보니 바위 아랫부분은 잘록하고 머리에는 나무들이 자라고 있는 팔라우의 버섯 모양 바위들이 떠오른다. 이 바위들은 바람과 파도가 만들어낸 결과물이다.

일본 해안경비대 보트가 언제부터 와 있었는지 준설선 옆에 있다. 조금 후, 현재 이곳 상황과 태풍 정보, 그리고 태풍 위치 좌표를 알려준다. N27 E123 55 북쪽 20km 지점을 지나고 있다고 한다.

"항해 중 태풍이 오면 요트는 어디로 대피해야 할까요?"

페이스북에서 지인이 묻는다. 항해 중인 요트가 태풍을 만났을 때는 매우 위험한 상황이므로, 가능한 모든 조치를 취해 최대한 안전을 확보하고 피해를 최소화해야 한다. 요트가 태풍을 만났을 때의 일반적인 대처 방법은 이렇다.

○ 태풍 경로와 기상 정보를 지속적으로 확인하여 태풍의 방향과 강도를 파악한다. 선상에 기상 예보 시스템이 있다면 이를 적극 활용한다.

○ 태풍의 경로를 피해 가능한 한 안전한 방향으로 항로를 변경한다. 태풍의 중심에서 멀어지는 것이 중요하다.

○ 가장 가까운 마리나, 항구, 보호된 만으로 이동하여 대피, 시간이 촉박할 경우 보호된 만이나 섬 뒤편으로 피할 수 있다.

○ 모든 선체 입구와 창문을 단단히 고정하고 닫는다. 모든 선상 물품을 안전하게 고정하여 파손을 방지, 돛을 내리고 불필요한 장비를 정리한다.

○ 대피할 장소가 없을 경우, 안전한 바다에서 앵커를 내려 고정한다. 단단한 바닥에 닻이 걸리도록 하여 최대한의 안전성을 확보

○ 모든 승무원은 구명조끼를 착용하고, 안전장치에 연결하여 갑판 위에서의 안전을 확보, 요트 내에서도 넘어지지 않도록 주의한다.

○ 엔진을 사용하여 파도와 바람에 맞서 요트를 최대한 안정적으로 유지한다.

○ 주변 선박이나 해안경비대와 지속적인 무선 연락을 유지하여 현재 상황을 알리고 도움을 요청할 수 있도록 준비한다.

오키나와(우루마 → 나하)

2019.07.20. 입항, 출항

오전 8시, 일본 해안경비대에서 무전이 와서 언제 떠날 예정인지 물었다. 피항지 요트 주변 연안의 바람은 여전히 20~25노트였다. 내일 출항하면 어떻겠냐고 하니, 오후부터는 17노트 이하로 떨어질 것이라며 출항해도 괜찮다고 한다. 다음 입항지 좌표도 알려주었다. 함께 피항했던 배들도 한두 척씩 떠나기 시작하더니, 9시가 되니 모두 떠나고 없다.

경유 3통(60L)을 주유한 후 출항하려고 닻을 올려놓고 보니 닻이 기역(ㄱ)자로 휘어 있다. 어젯밤 강풍에 앙카 체인 걸이가 무용지물이 되어, 새벽녘까지 수 차례 긴급 안전장치로 체인에 로프를 끼워 양쪽 클리트에 묶었지만 강풍에 로프가 5번이나 끊어졌었다.

해안경비대 함정이 방파제 밖까지 안내하고 손을 흔들어 준다. 참 고마운 분들이다.

오후 9시 20분, 나하시 우라소에항에 입항했다. 검역, 세관, 출입국관리사무소 직원들이 모두 나와서 기다리며 손전등을 켜고 계류줄을 잡아주고 안내해 주었다. 오키나와의 친절하고 고마운 공무원들 덕분에 많은 도움이 되었다.

태풍이 몰고 갔던 오키나와 나하시 우라소에항은 언제 그랬냐는 듯이 평온해졌다. 입항한 후에 너무 더워서 메밀소바와 새우튀김을 먹었다. 항해 중 가장 먼 기항지였던 오키나와 기노완 마리나까지는 아직도 닿지 못 했지만, 대형마트에도 맛있는 음식 천국. 이제는 맛있게 잘 먹고 즐겁게 항해할 일만 남았다.

오키나와(나하)

2019.07.21. 기항지에서의 시간

나하 Naha
오키나와섬 남서부에 있는 현청 소재지

이번 태풍 항해로 인해 살롱의 카페트와 침실의 이불, 옷, 책들이 바닷물에 침수되어 엉망이 되었다. 가장 큰 피해는 노트북 침수 타월로 싸서 잘 보관해 놓았던 카메라 렌즈 두 개가 침대 밑으로 떨어져 깨진 것이다. 가스레인지와 오븐 받침대는 오뚝이처럼 설계되어 강풍에도 안전하게 고정되어 있었지만, 압력밥솥은 살롱 소파 밑에 처박혀 있었다.

이러한 어려운 상황 속에서도 무사히 안전하게 여행할 수 있도록 도와준 각국의 모든 분들께 감사드린다.

태풍 항해로 난장판이 되어버린 요트 실내

오키나와에서의 따뜻한 시간

오키나와(나하 → 기노완)

2019.07.22. 출항, 입항

기노완 Ginowan
오키나와 본도 중남부에 위치한 시

오늘 오전 10시 10분, 나하시 우라소에 항구에서 출항하여 기노완 마리나에 11시 20분에 입항했다. 8년 만에 다시 찾은 기노완 마리나. 태풍 탓에 대서양과 태평양을 건너는 것보다 더 힘들게 입항한 느낌이다.

마리나는 크게 변한 것이 없었지만, 예전에는 허허벌판이었던 주변 상권은 많이 변해 빌딩들이 가득했다. 오랜만에 다시 찾은 이곳의 해넘이와 야경은 여전히 아름다워, 나를 반겨주는 듯하다.

오키나와(기노완)

2019.07.23. - 07.27. 기항지에서의 시간

7월 24일

오늘은 마리나에서 택시로 20분 거리에 있는 나하 국제거리 재래시장을 구경하러 갔다. 어딜 가나 시장 구경이 최고다. 처음 눈에 띄는 것은 색색의 고무신과 물고기 모양 슬리퍼. 오키나와의 수호신인 다양한 시사 인형들도 인상적이다.

7월 25일

타히티에서 머리를 자른 후로 4개월 만에 처음으로 미용실에 왔다.

"머리 5cm 잘라주고 드라이 파마를 해주세요頭5cmカットしてドライパーマをしてください!"

거울에 비친 내 모습은 항해 중 힘들었던 때가 언제였냐는 듯이 활기를 되찾았다.

바다 역시 마찬가지. 태풍은 마치 꿈속 일이었던 양 시치미를 뚝 떼고 고요한 밤낮의 무풍과 반영을 보여준다. 환상적인 야경이 너무나 아름다운 오키나와 기노완 마리나다.

7월 27일

기노완에서 5일째 되는 날, 사키마 미술관Sakima Art Museum으로 향했다. 사키마 미술관은 전쟁의 비극과 평화의 중요성을 강조하는 현대 미술 작품이 많이 소장되어 있다고 한다. 내가 방문했을 때에는 마침 〈오키나와전의 그림沖縄戦の図〉이라는 작품을 그린 마루키 이리Maruki Iri, 마루키 토시Maruki Toshi 부부의 작품전이 열리고 있었다.

1945년 4월부터 6월 사이, 오키나와 전투에서 미군에 패해 집단 자살한 일본군은 오키나와 주민들에게도 집단 자결을 강요해 오키나와 민간인 약 9만 4000명, 오키나와 출신 징집병 약 3만 명이 숨졌다. 그 당시 오키나와 자연 동굴 강제 집단사 현장에 있었던 체험자의 증언을 마루키 부부가 직접 듣고, 그들을 실제 모델로 완성한 14부 연작의 작품이 바로 <오키나와전의 그림>이다. 가로 8.5m 세로 4m의 대작으로, 그 규모가 상당하다.

오키나와(기노완 → 요나바루)

2019.07.28. 출항, 입항

요나바루 Yonabaru

오키나와섬 남부 동해안에 위치한 정町

기노완 마리나에서 선석 부족으로 인해 6일 동안 게스트 선석에 머무르다, 43해리 떨어진 요나바루 마리나로 이동하게 되었다. 새벽 3시에 출항해 4시간이 지나자 여명이 밝아오기 시작했다. 1시간 후, 서서히 해가 떠오르면서 태극기에 붉은 빛을 드리우자 마치 불타오르는 듯 가슴이 뭉클했다. 오늘의 해돋이는 왠지 더 특별하게 느껴진다.

육지와 가까운 연안 항해였기 때문에 저 멀리 집들과 골프장도 보였다. 여기저기 구경하다 보니 마리나까지 5해리가 남았다. 이곳부터는 수심이 낮아 조심해야 한다. 해도가 틀릴 수 있으니 가끔 선수 앞에 나가서 직접 살펴보았다. 엊그제 사전 답사를 했기에 특별히 어려운 점은 없었다.

마리나 직원의 안내로 게스트 선석에 접안 후 마리나 사무실로 갔다. 사무실은 깔끔했고, 마리나 총책임자인 하버 마스터Harbor Master 아사노 사다오 씨가 반갑게 맞아주며 이것저것 세심하게 챙겨주어 감사했다. 처음에는 동유럽에서 온 분인 줄 알았지만, 나중에 알고 보니 아버지가 이곳 오키나와에 주둔한 미국인이고 어머니가 오키나와 분이시라고 한다.

오키나와(요나바루)

2019.07.29. - 08.18. 기항지에서의 시간

오키나와에 입항하자마자 배를 올려 내부 청소 및 장비 점검을 하고 싶었지만, 선석 부족과 선대가 없어 배를 올릴 수 없단다. 리프트 크레인이 있어도 사용할 수 없다. 결국, 오늘 아침부터 스킨 장비를 착용하고 마리나 폰툰 바다 속에 들어가 예비책으로 선저의 따개비 제거 작업을 했다. 1년 넘게 항해하며 처음으로 따개비 작업을 하게 되었다. 지금까지 지중해, 대서양, 남태평양을 항해할 때는 따개비 작업이 필요 없었고, 따개비가 거의 없었다. 하지만 북태평양에 들어서면서부터 정체불명의 생물체가 조금씩 붙기 시작했다. 한국에서처럼 강한 따개비는 아니어서 수세미로 문지르면 AF 페인트와 함께 부드럽게 떨어지는 괴생물체들이었다.

7월 31일

요나바루 입항 3일차, 오늘은 오키나와 나하시에서 스킨스쿠버 다이빙샵을 운영하는 Y 강사 부부와 함께 요나바루 마리나에서 약 10해리 떨어진 쓰켄Tsuken섬으로 항해를 떠나기로 했다. 쓰켄섬은 당근이 많이 나서 '당근 섬'이라고도 불린단다. 마리나 앞 슈퍼마켓에서 초밥 등 식재료를 구입한 후 출항했다.

투마이 비치Toumai Beach앞에 묘박 후, Y 강사 부부가 준비해 온 얼음을 동동 띄운 콩국수를 점심으로 먹었다. 이후 딩기 타고 쓰켄섬에 도착해 관광을 했다. 당근 수확은 이미 끝나서 당근은 보이지 않았고,

낙후된 시골 골목에는 싸리 빗자루를 들고 골목을 쓸고 계신 할아버지와 바닷가를 멍하니 바라보며 의자에 앉아 계신 할머니만 보였다. 자연 그대로의 모습으로 모든 것을 내려놓고 살아가는 평화롭고 고즈넉한 섬의 분위기가 인상적이었다. 항구의 폐어선들도 제 일을 마치고 육지에 올라와 편히 쉬고 있는 모습이 많았다.

습한 기운이 조금 있었지만, 살랑살랑 부는 바람 덕분에 우리는 큰 해먹 같은 요트의 요람에 있는 듯했다. 비니미를 걷어서 묶어 놓고 콕핏에 앉아 하늘을 보니 별과 달이 떠 있었다. 쓰켄섬의 등대 불빛이 일정한 간격으로 깜빡였다. 삼겹살과 소주 한 잔을 나누며 스쿠버 다이버들과 함께 바다 속 이야기로 밤을 보냈다. 좋은 사람들과의 만남은 장소를 불문하고 언제나 즐겁다.

8월 1일

침실 좁은 창문에 아침햇살이 눈부시게 들어온다. 밤새 미세한 바람이 불어오는 요트에서 늦잠을 잤다. 어제 오키나와에서도 가장 오지 섬으로 여겨지는 쓰켄섬의 이모저모를 탐방했더니 피곤했던 모양이다.

오전 11시, 다시 요나바루로의 출항을 시작했다. 풍속 10~15노트에 선속은 3~5노트. 함께 온 Y 강사 부부는 세일링을 무척 즐기는 모습이었다. 짧은 시간이지만 함께 하길 잘했다 싶다. 요나바루 마리나로 입항하기 전 Y 강사의 설명을 들으며 동네 마실 다니듯 이 섬 저 섬을 가까이 관광도 했다. 오후 2시 30분에 항구에 입항, 즐겁고 뜻깊은 1박 2일의 여행을 마무리했다.

마리나 사무실에 갔더니 친절한 하버 마스터 사다오씨는 친절하게도 노트북 모니터로 현재 기상 상황에 대해 설명해 주었다. 그는 8월 8일에 큰 태풍이 올 가능성이 있다고 말해 주었고, 태풍의 위치는 시시각각 변하기 때문에 오키나와를 비껴갈 수도 있다고 했다. 그의 세심한 배려와 주의 깊은 설명에 정말 감사했다.

8월 2일

어제 하늘과 바다가 온통 핏빛 검붉은 해넘이를 보고 내일은 비가 오겠다 싶었는데, 새벽부터 천둥 번개 비바람에 정신이 하나도 없다. 제8호 태풍 프란시스코 발생했단다. 현재 풍속 25~35노트. 요트 마리나에서 태풍에 대비하기 위해서는 몇 가지 중요한 조치가 필요하다.

○ 모든 로프와 계류 장치를 철저히 점검하고 필요한 경우 보강해야 한다. 로프가 손상되지 않도록 하고, 추가적인 계류 장치를 사용하여 요트를 더 단단히 고정, 돛과 가림막을 철저히 접어 바람에 날리거나 손상되지 않도록 단단히 묶는다. 선체가 파손되지 않도록 휀더도 추가 설치한다.
○ 모든 전기 및 전자 장비의 전원을 차단하고, 물에 젖지 않도록 방수 포장한다. 특히 배터리는 안전하게 고정하고 전선 연결부를 방수 처리해야 한다.
○ 카메라, 노트북 등의 귀중품이나 중요 문서를 요트에서 미리 꺼내어 안전한 장소에 보관한다.
○ 배수구와 펌프가 제대로 작동하는지 확인하여, 물이 잘 빠질 수 있도록 하고, 필요하다면 추가로 펌프를 준비한다.
○ 태풍의 경로와 강도를 주시하며, 필요시 빠르게 대피할 수 있는 비상 계획을 세운다. 인근 대피소나 안전한 장소를 미리 파악해 두는 것이 좋다.
○ 마지막으로, 마리나 주변에 있는 물건들을 정리하고 고정하여 바람에 날아가지 않도록 한다.

이러한 조치를 통해 요트와 마리나를 최대한 안전하게 보호할 수 있다. 태풍이 접근하기 전에 미리 준비하여 피해를 최소화하는 것이 중요하다.

태양빛에 붉게 물든 태극기

늦은 오후, 마리나에는 무지개가 반쪽 떠올랐다.

8월 6일

아침 일찍 스킨스쿠버 강사인 Y 강사의 초대로 택시를 타고 나하 항으로 갔다. 항구에는 100명이 넘는 다이버들이 모여 있었고, 다이빙 전용 보트도 3~4척이 대기 중이었다. 오키나와의 스쿠버 시스템은 여러 다이빙샵의 예약 손님들이 100명 이상 탑승할 수 있는 초대형 파워 보트에 함께 타는 구조다.

파워 보트는 시속 20노트로 항해하여, 한 시간 후에 게라마 제도Gerama Islands의 다이빙 포인트에 도착했다. 이 지역의 다이빙 최적기는 4월부터 11월 사이로, 맑은 날씨와 따뜻한 물속에서 다이빙을 즐기기 좋은 시기란다. 물에 입수하자마자 맑은 바닷물 덕분에 시야가 10미터 이상 나오는 것 같다. 열대어들이 유영하는 모습과 보존 상태가 뛰어난 산호초가 인상적이었다. 거북이와 만타가오리도 볼 수 있었다. 운이 좋으면 혹등고래도 만날 수 있다고 들었지만, 이번에는 볼 수 없었다.

두 차례의 스쿠버 다이빙을 마치고 나서 Y 강사가 준비한 생선초밥과 돈까스 도시락을 먹으며 휴식을 취했다. 보트에서 제공한 긴 타올을 햇빛 가리개로 사용하고, 2층 데크에 누워 하늘을 바라보았다. 저 멀리 하얀 구름이 두둥실 떠다닌다. 저 구름은 어디로 갈까, 문득 궁금해진다.

8월 7일

지난번 사이판에서와 마찬가지로, 큰아버지 생각에 차로 1시간 30분을 달려 평화기념공원에 도착했다. 아토만시 마부니 언덕에 조성된 이 공원에는 2차 세계대전 당시 일본에 강제로 징병되어 오키나와 전투에서 희생된 한국의 젊은 영혼들을 추모하기 위한 한국인 위령탑이 있다. '韓国人慰霊塔한국인위령탑'이라는 글자가 새겨진 비석 뒤로, 거대한 돌무덤을 연상케 하는 둥그런 모양의 탑이 바로 그것이다. 이 위령탑은 1975년 8월, 광복 30주년을 맞아 세워졌으며, 위령탑을 쌓은 돌은 우리나라 전국 각지에서 수집되어 오키나와로 옮겨진 것이라고 한다. 당시 1만여 명의 한국 청년들이 오키나와 전투에 투입되었다고 알려져 있으나, 그중 313명만이 생사가 확인되었다고 한다.

위령탑으로 향하는 길목의 비문에는 이은상 시인이 쓴 「영령들께 바치는 노래」가 새겨져 있다.

역사의 흙탕물 폭포같이 쏟아질 적에
양 떼처럼 희생의 제물이 되어
바다와 하늘 맞닿은 곳으로 끌려와
광풍에 생명의 등불 꺼지던 날

하늘도 울고 파도도 울고
핏줄기 뻗쳐 오색 무지개처럼
용솟고 치솟아 해 달을 덮고
산과 바다를 회오리바람처럼 돌고

조국을 향하여 기원하던 목소리
지금도 귀에 들리는 영원한 메아리(…)

나는 기도 후 큰아버지를 생각했다. 내가 할 수 있는 일은 비석을 쓰다듬고 제단 주변을 한 바퀴 돌며 쓰레기를 줍는 것뿐이라는 게 안타깝다. 스물한 살 꽃다운 나이에 징집되어 가신 큰아버지는 지금 어

한국인 위령탑

디에 계실까? 고향이 그립고 부모님이 그리워 날마다 울부짖고 계시지는 않을까?

큰아버지가 바람결에라도 스쳐 지나가길 바라는 마음에 저 멀리 푸른 태평양 바다가 보이는 곳에서 한참을 멍하니 서 있었다.

8월 9일

태풍 9호 레끼마LEKIMA가 지나간 줄 알았는데 그 영향이 내일 오전 9시까지는 계속 될 거란다. 마리나에 정박 중인 요트에서 어찌나 요동을 치는지 멀미가 난다. 마리나 내에 현재 평균 풍속 30~35노트. 강풍으로 요트가 앞뒤로 뛰고 난리법석이다. 며칠 전 태풍 5호와 같은 상황이다. 먼바다는 어떨까?

8월 12일

오키나와 장수촌 오기미 마을에서 점심을 먹었다. 뒤로는 산을 등지고 앞으로는 바다가 펼쳐진 마을이었다. 마을 어귀에 자라난 식물들이 유난히 싱싱하고 파랬다. 머루나무에 머루가 주렁주렁 열려 있었다. 장수촌의 자연식 식단으로는 죽순, 우엉, 고야여주, 돼지고기 수육, 자색 고구마, 딸기잼, 잡곡밥, 미소된장국, 알배기 멸치 1마리, 전통 발효빵, 식초 넣은 해산물, 나물무침, 나나스께울외장아찌, 그리고 발효차가 나왔다.

저녁에는 지중해식을 전문으로 한다는 레스토랑에서 식사를 했다. 먹어 보니 정말 지중해에서 먹었던 그 맛이다.

8월 17일

게라마 제도Gerama Islands에서 한 번 더 스쿠버 다이빙을 즐겼다. 입수하자마자 애니메이션 영화 〈니모를 찾아서〉 속 귀여운 물고기 '니모'*가 나를 반겨준다.

8월 18일

마리나 사무실 주변에 경비 아저씨가 관상용으로 심어놓은 사탕수수가 있어 신기하게 쳐다보았더니 나에게 먹어 보라며 건네주신다. 하버 마스터 사다오 씨는 퇴근하다가 먹는 방법까지 직접 시범을 보여준다. 오키나와는 열대지방이라 사탕수수가 유명하단다. 조직이 단단해서 씹다 내뱉어야 하는 불편함이 있지만, 달달하고 맛있다.

오키나와에서는 여름 내내 크고 작은 축제가 자주 열린다. 얼마 전이 오키나와의 추석 '큐봉旧盆'이었다는데, 그래서인지 오늘은 불꽃놀이가 시작되었다.

---

*주황색 바탕에 흰 줄무늬를 가진 물고기 '니모'의 정체는 '흰동가리(Clownfish)'다.

오키나와 요나바루에서의 마지막 밤, 우리의 작별을 기념하듯 마리나의 밤하늘 위로 아름다운 불꽃이 수놓아진다.

파란만장한 여정의 끝, 혹은 시작

오키나와(요나바루) → 목포

2019.08.19. 오키나와 출항

요나바루의 아침은 참 맑고 깨끗하다. 특히 해돋이와 반영이 아름답다.

오늘도 아름다운 요나바루 마리나 주변 사진을 연신 찍어댔다. 더 오래 머물고 싶어도 이제는 떠나야 할 시간이다. 태풍 11호 바이루BAILU까지 발생한다고 하여 서둘러 출항 준비를 했다.

오후 1시, 이번 항해의 마지막 기항지이자 종착지인 한국 목포를 향해 출항한다.

오키나와에 입항한 지 32일, 집을 나온 지 400여 일 만에 드디어 우리 집으로 돌아간다.

오키나와(요나바루) → 목포

2019.08.20. 항해 중

출항 1일째, 습도가 높고 더운 날씨가 다시 시작되었다. 새벽 2시부터 돌풍이 불고, 5시부터 소나기가 내린다. 아침을 먹은 후 고장 난 풍속 및 풍향계를 수리한다.

스페인 라스팔마스에서 출항 후 700해리 지점에서 참치 그물에 걸려 고생했던 것처럼, 오늘도 오전 11시경 처음으로 그물을 발견하고 피하는 데 2시간이 걸렸다. 앞으로 목포에 입항할 때까지는 무분별하게 설치된 그물과 떠다니는 쓰레기, 로프와의 전쟁이 계속될 것이다. 항해도 중요하지만 견시를 철저히 해야 한다.

한국이 가까워지니 마음도 편안하다. 모처럼 여유롭게 콕핏에 누워 사탕수수를 씹는다. 요나바루 마리나의 경비 아저씨가 준 것이다. 껍질을 벗긴 후 꼭꼭 씹어서 단물을 빼먹고 내뱉기를 반복한다. 사탕수수라 그런지 어렸을 적 먹었던 단수수보다 과육이 많고 더 달고 맛있다.

오키나와(요나바루) → 목포

2019.08.21. 항해 중

새벽부터 비가 내리기 시작했다. 순풍에 돛을 올리고, 풍속은 15~17노트, 선속은 5~6노트로 항해 중이다. 아침이 되자 눈부신 햇살이 살을 파고들 듯 따갑게 내리쬔다. 이런 햇볕도 며칠 후면 끝나고 추억으로 남는다는 생각에 좀 서운하다.

제주 바다에서 바라보는 해넘이

진도 서망항 앞에서 맞이한 일출

동중국해 공해상에는 상선과 어선들이 많고, 일본 해군 함정까지 지나간다. 10여 년 전 오키나와에서 제주로 항해하던 중 태풍이 불어, 이어도 부근에 우리나라 해경 함정이 순시를 나왔다가 도와준 일이 떠오른다.

오키나와(요나바루) → 목포

2019.08.22. 항해 중

오늘도 순풍에 돛 달리기를 계속한다.

어선들이 불야성을 이루고 있다. AIS선박자동 식별 시스템모니터에 잡히는 어선만 7척이고, 불빛이 대낮 같다.

오키나와(요나바루) → 목포

2019.08.23. 항해 중

새벽 4시, 앞으로 제주도까지 42해리. 원래는 제주도로 입항할 예정이었으나 집에서 가까운 목포까지 항해를 더 이어가기로 한다. 목포 마리나까지는 144해리를 남겨두고 있다. 같은 하늘과 바다지만, 대한민국이 가까워지니 푸근하고 참 좋다.

저녁 무렵 대한민국 영해권에 들어왔다. 다시 돌아오게 되어 대한민국 만세다.

제주도 모슬포 앞바다 선선한 바닷바람이 불고 있으며, 제주 애월 앞바다에는 한치잡이 어선들이 대기 중이다. 그 너머로 보이는 제주 바다의 해넘이는 어느 바다의 해넘이보다 아름답고 정겹다. 이제 이 밤만 지나면 대장정의 돛 달리기가 끝이 난다. 아쉬운 마음도 들지만, 내일 해가 뜨면 자랑스럽게 태극기를 펼쳐 들 것이다.

오키나와(요나바루) → 목포

2019.08.24. 목포 입항

목포 Mokpo
전라남도 남서단에 있는 도시

오늘 아침 진도 서망항 앞에서 무풍 속의 해돋이를 보고 오후 1시, 목포 마리나에 입항했다. 가족이나 다름없는 요티들이 마리나에서 손을 흔들며 기다리고 있다. 그중에 아들의 얼굴도 보인다. 파도를 가르며 반가운 얼굴들을 향해 전진한다.

요트 타고 17개국, 50여 개 정박지를 거치며 17,000해리가 넘는 바닷길을 지나 다시 한국 땅을 밟았다. 모스크바행 비행기에 탑승하기 위해 짐을 꾸리던 그날로부터 405만의 일이다.

기나긴 여정의 끝, 하지만 내 마음속에는 여전히 뜨거운 바람이 불어오고 있다.

나의 다음 목적지는? 인도양, 그리고 남극이다!

기나긴 항해의 마침표. 목포대교가 눈앞에 보인다.

항해 일정 및 입·출항지 좌표

구글맵 링크

QR코드를 스캔해 더 자세한 항해 경로와 바다 위의 좌표를 확인해 보세요.

이동 지역(국가)		항해 일정	입·출항지	좌표
인천 (대한민국)				
↓	항공	'18.07.17.		
모스크바 (러시아)				
↓	항공	'18.07.18.		
자그레브 (크로아티아)				
↓	차량	'18.07.20.		
로고즈니카 (크로아티아)		(출항) '18.08.04.	마리나 프라파 리조트 로고즈니카	43°31'37.0"N 15°57'49.6"E
↓	16해리			
시베니크 (크로아티아)		(입항) '18.08.04. (출항) '18.08.05.	시베니크 항구(*08.04.묘박) 성 안토니 해협 인근	43°44'15.8"N 15°53'15.0"E 43°43'44.7"N 15°51'24.2"E
↓	47해리			
비스 (크로아티아)		(입항) '18.08.05. (출항) '18.08.06.	(*08.05.묘박) 비스 페리 항구 인근	43°03'38.2"N 16°11'08.5"E
↓	200해리			
오트란토 (이탈리아)		(입항) '18.08.08. (출항) '18.08.12.	레가 나발레 이탈리아나 세지오네 디 오트란토	40°08'48.9"N 18°29'45.6"E
↓	25해리			
산타 마리아 디 레우카 (이탈리아)		(입항) '18.08.12. (출항) '18.08.14.	포르토 투리스티코 마리나 디 레우카	39°47'45.4"N 18°21'39.9"E
↓	308해리	(*08.15.피항)	Guardavalle Marina 인근	38°28'46.4"N 16°34'52.7"E
시라쿠사 (이탈리아)		(입항) '18.08.17. (출항) '18.08.20.	포르토 디 시라쿠사	37°04'05.5"N 15°17'26.8"E
↓	87해리			
엠시다 (몰타)		(입항) '18.08.21. (출항) '18.08.25.	엠시다 크릭 마리나	35°53'45.5"N 14°29'30.4"E
↓	4해리			
비르구 (몰타)		(입항) '18.08.25. (출항) '18.08.28.	캠퍼 & 니콜슨 그랜드 하버 마리나	35°53'15.0"N 14°31'13.3"E
↓	18해리			
고조 (몰타)		(입항) '18.08.28. (출항) '18.08.31.	(*08.28.입항) 코미노섬 블루라군 (*08.28.입항) 고조섬마가르마리나	36°00'51.0"N 14°19'22.8"E 36°01'35.3"N 14°18'06.0"E
↓	124해리			
판텔레리아 (이탈리아)		(입항) '18.09.02. (출항) '18.09.05.	포르토 누오보 마리나	36°50'00.6"N 11°56'13.2"E
↓	196해리			
칼리아리 (이탈리아)		(입항) '18.09.07. (출항) '18.09.10.	칼리아리 마리나 디 산텔모	39°12'04.9"N 9°07'37.2"E
↓	340해리		(*09.13.묘박) 에스 트렌크 해변	39°20'08.3"N 2°59'07.3"E
마요르카 (스페인령 발레아레스제도)		(입항) '18.09.14. (출항) '18.09.18.	엘 아레날 마리나 항해 클럽	39°30'01.9"N 2°44'47.3"E

이동 지역(국가)	항해 일정	입·출항지	좌표
↓ 71해리			
이비자 (스페인령 발레아레스제도)	(입항) '18.09.19. (출항) '18.09.22.	마리나 이비자	38°54'55.5"N 1°26'31.0"E
↓ 155해리			
카르타헤나 (스페인)	(입항) '18.09.24. (출항) '18.09.28.	푸에르토 요트 카르타헤나	37°35'49"N 0°58'43"W
↓ 185해리			
말라가 (스페인)	(입항) '18.09.30. (출항) '18.10.05.	IGY 말라가 마리나	36°42'54.1"N 4°24'53.6"W
↓ 71해리			
지브롤터 (스페인령/영국령)	(입항) '18.10.06. (출항) '18.10.17.	알카이데사 마리나 (*10.15.출항 후 재입항해 묘박)	36°09'35.0"N 5°21'28.3"W
↓ 188해리	(*10.18.피항)	케니트라 세보우강(*10.20.묘박) 모하메디아 해변	34°16'14.7"N 6°38'53.5"W 33°42'42.5"N 7°23'03.7"W
모하메디아 (모로코)	(입항) '18.10.21. (출항) '18.11.02.	모하메디아 요트클럽	33°42'46.9"N 7°23'54.8"W
↓ 473해리			
란자로테 (스페인령 카나리아제도)	(입항) '18.11.06. (출항) '18.11.10.	루비콘 마리나	28°51'23.5"N 13°48'52.6"W
↓ 98해리			
라스팔마스 (스페인령 카나리아제도)	(입항) '18.11.11. (출항) '18.11.25.	푸에르토 데 라스팔마스	28°07'35.2"N 15°25'35.1"W
↓ 2778해리			
로드니 베이 (세인트루시아)	(입항) '18.12.19. (출항) '18.12.30.	로드니 베이 마리나	14°04'26.5"N 60°57'01.1"W
↓ 962해리	(*01.04.피항)	푸에리토 볼리바르 인근	12°11'19.3"N 71°58'03.4"W
카르타헤나 (콜롬비아)	(입항) '19.01.09. (출항) '19.01.19.	카르타헤나 페스카 마리나	10°24'57.9"N 75°32'43.2"W
↓ 208해리			
산블라스 (파나마)	(입항) '19.01.21. (출항) '19.01.24.	(묘박) 구나얄라 특구 무인도 앞	9°34'59.4"N 78°40'22.9"W
↓ 65해리	(*01.24.묘박)	린튼 베이 마리나 앞	9°37'01.0"N 79°34'40.7"W
포르토벨로 (파나마)	(입항) '19.01.25. (출항) '19.01.27.	(묘박) 포르토벨로 국립공원 앞	9°33'21.2"N 79°39'35.1"W
↓ 21해리			
콜론 (파나마)	(입항) '19.01.27. (출항) '19.02.02.	셸터 베이 마리나	9°22'03.7"N 79°57'03.3"W
↓ 47해리	(*02.02.묘박)	파나마 운하 가툰 호수	9°15'39.7"N 79°54'09.8"W
발보아 (파나마)	(입항) '19.02.03. (출항) '19.02.07.	발보아 요트 클럽 (*02.04.입항) 라 플라야 마리나	8°56'12.5"N 79°33'27.0"W 8°54'49.4"N 79°31'37.9"W
↓ 4021해리			
누쿠히바 (프랑스령 폴리네시아)	(입항) '19.03.14. (출항) '19.03.20.	(묘박) 누쿠히바섬 타이오하 만	8°54'59.9"S 140°05'50.8"W
↓ 450해리			
파카라바 (프랑스령 폴리네시아)	(입항) '19.03.24. (출항) '19.03.28.	(묘박) 파카라바섬 환초 안	16°03'32.2"S 145°37'15.0"W

이동 지역(국가)	항해 일정	입·출항지	좌표
↓ 259해리	(*03.30.묘박)	요트 클럽 데 타히티 앞	17°31'19.8"S 149°32'04.9"W
타히티 (프랑스령 폴리네시아)	(입항) '19.03.31. (출항) '19.04.12.	페페에테 마리나	17°32'23.1"S 149°34'13.7"W
↓ 20해리			
모레아 (프랑스령 폴리네시아)	(입항) '19.04.12. (출항) '19.04.15.	(묘박) 오푸노후 만	17°29'25.3"S 149°51'11.6"W
↓ 135해리			
보라보라 (프랑스령 폴리네시아)	(입항) '19.04.16. (출항) '19.04.22.	(묘박) 마이카이 요트클럽 앞	16°30'02.6"S 151°45'23.2"W
↓ 693해리			
수와로우 (쿡제도)	(입항) '19.04.29. (출항) '19.05.03.	(묘박) 수와로우섬	13°14'51.4"S 163°06'29.3"W
↓ 512해리			
아피아 (사모아)	(입항) '19.05.08. (출항) '19.05.17.	사모아 아피아 마리나	13°49'39.4"S 171°45'33.8"W
↓ 631해리			
푸나푸티 (투발루)	(입항) '19.05.24. (출항) '19.05.28.	(묘박) 테 나모 라군	8°31'29.3"S 179°11'23.1"E
↓ 724해리			
타라와 (키리바시 공화국)	(입항) '19.06.04. (출항) '19.06.08.	(묘박) 베티오항 앞	1°21'56.8"N 172°55'49.4"E
↓ 648해리			
스라에 (미크로네시아 연방국)	(입항) '19.06.14. (출항) '19.06.21.	레루 항구	5°19'48.6"N 163°01'28.9"E
↓ 1197해리			
사이판 (미국령 북마리아나제도)	(입항) '19.07.02. (출항) '19.07.08.	스마일링 코브 마리나	15°13'03.7"N 145°43'26.2"E
↓ 1177해리			
우루마 (일본)	(입항) '19.07.18. (출항) '19.07.20.	(피항) 화이트 비치 해군기지 앞	26°18'02.9"N 127°53'49.8"E
↓ 38해리			
나하 (일본)	(입항) '19.07.20. (출항) '19.07.22.	우라소에 항구	26°14'46.1"N 127°41'03.8"E
↓ 5해리			
기노완 (일본)	(입항) '19.07.22. (출항) '19.07.28.	기노완 마리나	26°16'37.6"N 127°43'46.7"E
↓ 43해리			
요나바루 (일본)	(입항) '19.07.28. (출항) '19.08.19.	요나바루 마리나	26°12'19.2"N 127°46'04.8"E
↓ 567해리			
목포 (대한민국)	(입항) '19.08.24.	목포 마리나	34°46'59.7"N 126°23'18.6"E

추천사

*****이 책을 향한 수많은 추천사 중 일부를, 깊은 감사의 마음을 담아 가나다순으로 소개합니다*****

세계 최연소로 단독 요트 세계 일주에 성공한 16세 호주 소녀의 항해 이야기를 영화화한 <트루 스피릿(True Spirit)>을 보고 우리나라에는 언제 저런 도전과 모험 정신을 가진 청소년들이 나타날까 하면서 부러웠다. 특히 독도 수호 업무를 오래 했던 사람으로서 우리 바다를 지키고 세계 대양을 개척하기 위해서는 어릴 때부터 다양한 해양 체험 기술과 생존능력이 바탕이 된 창의적인 해양 교육이 제일 중요하다고 늘 생각하고 있었다. 그런데 손주까지 둔 평범한 60대 전업 중년 주부가 국내 최초로 대서양 횡단 랠리에 성공했다는 것은 우리에게 많은 울림과 삶의 메시지를 준다. 김영애 선장님은 단순히 이 시대의 장한 어머니를 넘어 천 년 전 우리 바다를 지키기 위해 동해 바다에 잠든 신라의 문무대왕이 우리에게 남기고자 했던 동해 정신, 해양 정신을 다시 일으키고 있다. 이 책이 저마다 어떤 가치를 가지고 인생을 살아가야 하는지 모두에게 길잡이가 되기를 기대한다. 늦었다고 생각할 때가 가장 빠른 때이다. 우리 모두 저마다의 여정에 희망의 돛을 올리자!

김남일 | 경상북도문화관광공사 사장, 前 경상북도 독도수호대책본부장

바라만 보고 바다를 이야기하는 사람들이 많다. 그러나, 바닷속에 들어가 온몸으로 바다를 만지고 싸우며 헤쳐 나온 사람들은 흔치 않다. 405일간의 단독 요트 항해에 성공한 김영애야말로 진짜 바닷사람이다. 해양 민족의 해양 DNA를 온몸으로 보여준 항해사의 여정이 전 국민에게 공감되길 기대한다.

김태만 | 국립한국해양대학교 교수, 前 국립해양박물관장

평범한 주부였던 김영애 선장의 요트 세계 일주 항해를 소개하는 책이 출간된다는 소식을 듣고 크게 반가웠다. 무엇보다 지중해, 대서양, 태평양을 건너며 망망대해에서 찍은 장엄한 사진들이 우리와 전혀 다른 삶을 사는 사람들의 이야기와 함께 긴 여정 속 모험으로 담긴 멋진 책이다. 사람들이 잘 접근하기도 어려운 생생한 날 것의 자연 속에서 직접 찍은 사진들을 통해 마치 우리 스스로 요트 세계 일주를 떠난 것처럼 생생하게 모든 여정을 함께 할 수 있을 것이다. 우리에게 자연이 주는 힘이 얼마나 크고 위대한지, 그리고 도전하는 삶이 얼마나 아름다운 것인지를 동시에 깨닫게 해주는 책이다. 자신의 삶을 개척하고자 하는 누구라도 꼭 읽어보시길 권한다.

남성현 | 서울대학교 전공자연과학대학 지구환경과학부 교수

『하늘과 바다 사이 돛을 올리고』는 평범한 주부였던 김영애 작가가 60대의 나이에도 불구하고 요트 세계 일주에 도전한 405일간의 감동 여정을 담은 에세이이다. 반복된 일상과 우울증을 극복하고 삶의 방향을 다시 찾기까지의 진솔한 고백은 독자에게 깊은 울림을 준다. 바다에서 마주한 위기와 감동의 순간들, 그리고 새로운 인연들은 단순한 여행기를 넘어 인생의 전환점을 보여준다. 특히 '중년 이후에도 새로운 도전이 가능하다'라는 희망의 메시지가 강력한 힘으로 다가온다. 삶의 돛을 다시 올리고 싶은 이들에게 이 책은 응원과 영감의 항로를 제시한다.

변창훈 | 한국해양소년단 경북연맹장, 대구한의대학교 총장, 한국사립대학총장협의회장

크로아티아에서 출항해 이태리와 스페인 등을 여행하다가 폭풍을 만나 모로코로 피항도 하고 카나리아제도로 가서는 한국인 최초로 'ARC 대서양 횡단 랠리'에 참가하여 대서양을 횡단해낸다. 이어 태양이 작열하는 카리브해의 여러 섬과 파나마운하를 거쳐 세계에서 제일 넓은 태평양 망망대해 한복판 무풍지대에 다다른다. 배의 전기고장, 돌풍과 비, 물 부족과 연료 부족 등 누구에게도 도움을 청할 수 없는 온갖 어려움을 겪지만, 이것들을 모두 홀로 극복하고 해결해내면서 아름다운 별들과 저녁노을, 그리고 돌고래들과 날치 등과 벗하며 한 달여 만에 육지에 도착해 원주민 및 다른 요트인들과 벗이 되고 인류애를 나눈다 … 이렇게 읽으면 읽을수록 감동적인 이야기들이 계속 이어지는 이 책은 내가 읽은 어떤 항해기록 이야기보다도 다양한 삶의 이야기를 포함하고 있다. 장거리 장기 단독항해를 위한 다양한 준비와 어려움, 세계 각지의 아름다운 사진, 다양한 사람들과 짧지만 깊이 있는 교류, 바다와 자연의 아름다움, 다른 동물들과 동포애, 자신과의 싸움과 가족과의 애정, 다양한 문화와 미술의 바탕에서 비롯된

방문지의 깊이 있는 관광, 한국 음식 만들기와 나누기로 자신의 건강을 지키며 타인들과 사귀기, 오지에 있는 한국 관련 기념물 찾아보기 등 놀랍고 부러운 이야기들이 가득하다.

이일병 | 선장, 연세대학교 명예교수

한국인 장년기 여인이 홀로 405일에 걸쳐 17개국을 들락거리며 지중해, 대서양, 태평양을 건너 1만 7천 해리를 불과 10여 미터에 불과한 요트에 몸을 싣고 다녀온 땀과 피로 쓴 현장 일기는 감동 그 자체다.

누구도 꿈꾸기 어려운 요트 세계 일주를 감행할 용기는 어디서 나왔을까? 온갖 고난, 특히 바다에서 겪는 예상도 못 할 무서운 태풍과 돌풍, 적도지방의 무풍, 작열하는 태양의 따가움, 갠 밤하늘의 남극성, 북극성과의 삼각 대화를 거의 매일 이어가며 이겨내야 했던 외로움은 다 어디로 사라졌다는 말인가? 기계에 대한 해박하고 익숙한 제어 지식을 갖추기도 어렵고 하루도 빼놓지 않고 꼬박꼬박 정리해 간 문학적 소양도 혀를 내두르게 하는데 외로움도 떨치고 의지를 관철한 김영애 선장에게 무한 부러움과 존경과 칭찬의 박수를 보낸다.

극동 바닷가에 길쭉한 장화처럼 물에 잠겨 있는 한반도의 모양이 우리를 해양 민족으로 살아가게 했지만, 한때 대륙으로 뛰어나간 용기를 본연의 자세인 줄 알고 뭍에 대한 짝사랑만 읊었던 민족사는 근세에 이를 때까지 바다를 멀리하도록 가르쳐 왔다. 그러나 숨길 수 없는 바다 사랑 본심은 충무공을 통해 입증되어 임진란을 승리로 이끌었고 이제 김영애 선장의 찬란한 요티 생활기로 제2의 전성기 문이 열리고 있다. 우리는 진정으로 바다 사랑이 먼 남의 허세로 그쳐서는 안 되며 우리가 익히고 실천하며 느끼고 즐겨야 하는 본연의 길임을 깨달아야 할 때라 여긴다. 연안에서는 판옥선으로 기세를 바로 잡을 수 있었지만, 원양으로 나가고 바다의 끊임없는 거센 도전을 이겨내려면 더 많은 바다 익히기 연습이 필요하다고 느낀다. 지중해 연안의 바르셀로나 해안가를 잠시 돌아보고 놀란 것은 그 작은 한 도시 바닷가에 거의 만여 척의 요트들이 정박해 있는 것이었다. 이제 우리도 김영애 선장처럼 바다를 알고 이를 통해 새로운 해양 탐험의 문을 활짝 열어야 할 시대적 요구를 수용해야 할 것이다.

전주는 바다에서 멀리 떨어진 내륙 문화 예술의 도시이다. 그러나 그 바탕에는 역사적 사명감이 숨겨져 있는 미래지향적 도시이기도 하다. 백가제해(百家齊海)의 나라 백제가 서해 중심부를 장악했을 때 왕성한 국가로 일어섰고, 해양전략이 약화하였을 때 패망의 길로 접어들었으며 호남평야 곡창을 품에 안고 다시 일어서려던 후백제가 바다 장악력이 강한 왕건에게 항복해 버린 미완의 교훈을 새긴다면 전주에서 자란 한 여인이 왜 바다를 통해 세계로 나가려

하는지 어렴풋이 그림이 그려지기도 한다. 시대상을 뛰어넘는 견강부회가 될 수도 있겠지만 바다를 통해 역사의 흐름을 바꿔버린 콜럼버스도 바닷가 출신은 아니었으나 일찍이 바다를 통해 꿈을 이루고 새 시대를 열었다.

하늘과 바다 사이 돛을 올리고 무한 용기를 발휘하며 남성도 마음먹기 어려운 대업을 성공적으로 이끈 작가의 발자취는 한땀 한땀 열정과 인내와 슬기로 채워져 책을 처음 대할 때부터 끝장을 넘길 때까지 읽는 이의 숨을 멈추게 한다. 가족에 대한 그리움은 어머님의 따뜻한 사랑을 떠올리며 달랠 수 있었고, 무섭게 몰아치는 태풍의 거센 갈퀴에는 그녀를 지켜주는 하느님의 은총에 기댈 수 있었으며, 수많은 마리나 관계인들의 깊은 사랑을 체험하며 자신의 영성을 키워 온 삶의 빛나는 기록물인 이 책 발간에 축하 말씀을 드린다. 크로아티아에서 시작해 지중해의 잔잔한 바다에서 준비 운동을 마치고 라스팔마스에서 참가한 ARC를 통해 대서양을 넘었으며 파나마를 통과하여 이른 태평양은 정말 무서운 도전이었지만 슬기롭게 횡단할 수 있었던 이번 기록이 여기서 그치지 않고 더 나아가 인도양 항해로 성공적으로 이어져 나 홀로 요트를 통한 선장 김영애만의 세계 일주의 대기록이 완성되기를 바란다.

정필수 | 한국종합물류연구원장

김영애 작가의 『하늘과 바다 사이 돛을 올리고』 출판을 진심으로 축하하며 여성으로서 405일간 세계 일주를 시도한 남다른 용기에 각별한 찬사의 말씀을 전합니다. 저도 해군 장교로 12년간 군함을 타고 바다에서 근무했기에 작가가 느끼는 바다의 두려움과 위험을 누구보다 잘 알고 있습니다. 저 역시 태평양을 횡단하며 험난한 파도 속에서 생명의 위협을 느껴보았고 바다를 통해 자연의 장대함에 경외심을 갖기도 했습니다. 그런 연유로 비록 전문 작가는 아니지만, 이 책이 보여주는 숭고한 가치를 잘 알고 있습니다. 특히나 세계 많은 나라가 해양에서의 국가이익 추구를 위해 해양 팽창정책을 펼치는 무한경쟁 시대에 이 책의 중요성은 더욱 자명하다 하겠습니다.

모쪼록 이 책이 해양 국가인 대한민국의 미래가 걸려있는 바다에 대한 국민, 특히 청소년들의 올바른 해양 의식과 도전정신을 일깨워 주는 계기가 되기를 진심으로 기원하며 일독을 권합니다.

최윤희 | 대한민국해양연맹 총재, 前 합참의장, 예) 해군대장

세상 모든 것에 감탄하는
지혜로운 사람들의 공간
호밀밭

하늘과 바다 사이 돛을 올리고

초판 1쇄 2025년 06월 05일

글·사진 **김영애**
펴낸이 **장현정**
책임편집 **김미양**
디자인 **박노니, 이보리** Muut studio
마케팅 **김명신, 최문섭**

펴낸곳 **㈜호밀밭**
등록 **2008년 11월 12일(제338-2008-6호)**
주소 **부산광역시 수영구 연수로357번길 17-8**
전화 **051-751-8001**
팩스 **0505-510-4675**
홈페이지 **homilbooks.com**
전자우편 **homilbooks@naver.com**

ISBN **979-11-6826-162-4 (03980)**